沁水盆地二叠纪煤中稀土元素特征及碎屑物源区研究（41572143）
煤化过程中稀土元素有机亲和性演化特征及机制研究（41972181） 项目资助

沁水盆地二叠纪煤的元素地球化学特征

QINSHUI PENDI ERDIEJI MEI DE
YUANSU DIQIU HUAXUE TEZHENG

汪小妹　王小明　潘思东　王江峰　等编著

图书在版编目(CIP)数据

沁水盆地二叠纪煤的元素地球化学特征/汪小妹等编著. —武汉:中国地质大学出版社,2020.11
ISBN 978-7-5625-4936-9

Ⅰ.①沁…
Ⅱ.①汪…
Ⅲ.①二叠纪-煤盆地-地下气化煤气-地球化学标志-沁水县
Ⅳ.①P618.11

中国版本图书馆 CIP 数据核字(2020)第 237590 号

沁水盆地二叠纪煤的元素地球化学特征

汪小妹 等编著

| 责任编辑:龙昭月 | 选题策划:陈 琪 | 责任校对:周 旭 |

出版发行:中国地质大学出版社(武汉市洪山区鲁磨路 388 号)   邮编:430074
电　　话:(027)67883511   传　　真:(027)67883580   E-mail:cbb@cug.edu.cn
经　　销:全国新华书店   http://cugp.cug.edu.cn

开本:880 毫米×1230 毫米 1/16   字数:279 千字   印张:9
版次:2020 年 11 月第 1 版   印次:2020 年 11 月第 1 次印刷
印刷:广东虎彩云印刷有限公司

ISBN 978-7-5625-4936-9   定价:168.00 元

如有印装质量问题请与印刷厂联系调换

前　言

中国是世界上第一大能源生产和消费国。2018年中国一次能源生产总量为37.7亿t标准煤,消费总量为46.4亿t标准煤(国家统计局,2019),能源自给率为81.3%(中华人民共和国自然资源部,2019)。煤炭是我国最主要的一次能源,近几年来煤炭产量持续增长。自1985年以来,中国煤炭产量连续多年居世界第一位(IEA,2019),2018年中国煤炭产量为36.8亿t(中华人民共和国自然资源部,2019),占世界煤炭总产量的46.7%(BP,2019)。中国也是世界上最大的煤炭消耗国,2018年消耗量为38.9亿t(中华人民共和国自然资源部,2019),占全球总消耗量的50.5%(BP,2019)。同时,中国也是世界上最大的煤炭进口国,2018年进口量超过2亿t(IEA,2019)。

煤炭在我国化石能源资源中占绝对优势,其资源潜力远高于石油和天然气。截至2018年,全国石油潜在资源量为1257亿t,天然气潜在资源量为90万亿m^3,煤炭潜在资源量高达38 800亿t。随着中国能源消费结构不断调整和改善,煤炭在能源消费结构中所占的比重不断下降。1978—2009年,煤炭在能源消费结构中所占的比重多在70%以上;2010—2017年,煤炭在能源消费结构中所占的比重逐渐降至接近60%;2018年,煤炭在能源消费结构中所占的比重为59.9%,首次降至60%以下(国家统计局,2019)。估计到21世纪中叶,煤炭在一次能源结构中所占的比重仍不会低于50%(任德贻等,2006)。可以预见,在未来很长一段时间内,煤炭仍将是我国最主要的支撑能源。

煤炭最主要应用于发电、冶金工业、水泥工业、气化等领域,以及作为原料用于工业化学品制造和基础设施建设。全球约38%的电能依靠燃煤转换,约71%的钢铁生产用到了煤(WCA,2019)。煤的利用途径和经济价值取决于其化学组成。煤是一种主要由C、H、O等元素组成的可燃沉积有机岩,尽管煤主要由有机质组成,煤中的无机组分也不容忽视,它们在很大程度上影响着煤的开采、洗选、燃烧、转化及回收利用,甚至直接决定煤的利用途径和价值。一方面,煤中有害元素会在煤炭开采、加工利用及转化过程中对环境和人体健康产生危害;另一方面,含煤岩系在一定的地质条件下可以富集有益元素,其中有些已经应用于工业生产,这些有益元素是潜在的战略矿产资源。此外,煤中元素的含量、赋存状态、分布规律、富集迁移规律等方面的研究,可为分析成煤环境、煤化作用过程、聚煤盆地演化和区域地质历史演化等关键科学问题提供基础的地质信息。

沁水盆地位于山西省东南部,是中国北方石炭纪—二叠纪煤炭资源最重要的赋存地之一,同时具有非常丰富的煤层气资源,是中国目前煤层气勘探程度最高且实现局部商业化开发的地区。相比于沁水盆地在煤层气方面所取得的关注度和丰富的研究成果,沁水盆地煤中元素地球化学方面的研究相对薄弱。煤中元素地球化学研究,在煤及其燃煤产物中有害元素对人体健康和环境危害的评估、寻找与煤共(伴)生的金属矿产、促进矿产资源的综合利用、提供基础地质信息等方面具有重要的理论和现实意义,同时也是实现煤炭绿色高效清洁利用的必要支撑。基于此,本书应用煤田地质学、元素地球化学、矿床学等学科的理论和方法,以沁水盆地二叠纪煤为研究对象,对煤中元素的含量、分布规律、赋存状态及其控制因素进行深入分析,以期初步了解沁水盆地二叠纪煤的元素地球化学特征,为煤炭资源合理开发利用提供基础资料。

本书的编写主要依托自然科学基金面上项目"沁水盆地二叠纪煤中稀土元素特征及碎屑物源区研

究(项目编号:41572143)"所取得的研究成果,同时整合了潘文浩的硕士毕业论文《沁水盆地山西组煤中稀土元素赋存状态、配分模式及控制因素研究》中的部分资料。在章节安排上,本书共分为7章,其中,汪小妹副教授负责撰写第一、七章;汪小妹副教授、边家辉硕士负责撰写第二章;程海见硕士负责撰写第三、四章;柴盘存硕士、汪小妹副教授负责撰写第五、六章;参考文献的核对整理工作由边家辉硕士完成。王小明副教授、山西晋煤太钢能源有限责任公司王江峰董事长、潘思东高级工程师负责本书的编校工作。本书所涉及的样品采集工作主要由王小明副教授、潘文浩硕士、侯世辉博士等完成;实验分析测试工作主要由潘文浩硕士、柴盘存硕士、潘思东高级工程师等完成。此外,中国科学院海洋研究所殷学博高级工程师在实验分析测试过程中给予了宝贵支持,在此一并致以诚挚谢意。

限于研究条件和作者水平,本书在内容和编排上难免存在纰漏,恳请各位读者予以批评指正。

编著者

2020 年 6 月

目 录

第一章 绪 论 (1)
第一节 煤中元素地球化学研究国内外进展 (1)
第二节 研究区研究现状 (7)
第三节 主要研究内容及研究方法 (9)
第四节 样品采集及分析测试方法 (10)

第二章 区域地质背景 (14)
第一节 构造特征 (14)
第二节 地层特征 (16)
第三节 煤层特征 (17)
第四节 岩浆活动 (18)

第三章 煤岩特征及煤化学组成 (20)
第一节 煤岩特征 (20)
第二节 煤化学组成 (31)
第三节 本章小结 (36)

第四章 矿物学特征 (37)
第一节 矿物组成 (37)
第二节 矿物赋存状态 (38)
第三节 本章小结 (51)

第五章 煤中元素含量及其分布特征 (53)
第一节 常量元素 (53)
第二节 微量元素 (61)
第三节 稀土元素 (71)
第四节 镜煤条带中元素特征 (81)
第五节 本章小结 (95)

第六章 煤中微量元素的赋存状态 (96)
第一节 煤中微量元素赋存状态总体特征 (97)
第二节 煤中部分有益/关键金属元素的赋存状态 (99)
第三节 本章小结 (123)

第七章 结 论 (125)

主要参考文献 (126)

第一章 绪 论

本章总结了煤中元素地球化学研究的国内外进展,概括了沁水盆地煤中元素地球化学研究的现状,阐述了本书的研究内容和研究方法,介绍了研究样品的采集情况及分析测试方法。

第一节 煤中元素地球化学研究国内外进展

从1848年Richardson在苏格兰烟煤煤灰中发现元素Zn和Cd以来,随着研究经验的积累和检测技术的进步,不少学者相继在煤中发现新的元素,迄今为止,已经从煤及其解吸气体中检测到86种元素(宁树正等,2017)。20世纪30年代以来,研究者们逐渐开始探索煤中微量元素的含量分布与赋存状态及其富集与迁移规律(刘桂建等,2002)。在此过程中,一方面,人们对煤系伴生金属元素资源的认识逐渐深入,研究者们日益重视含煤岩系伴生金属元素资源,并开始探索其分布规律与富集因素;另一方面,煤中的有害元素在煤炭开采、加工利用及转化过程中对人体和环境的危害也越来越受到关注,研究者们已经开始探讨煤中有害元素的赋存状态及其对人体和环境的潜在影响。此外,煤中元素的地质理论研究意义及其在勘探实践中的应用也受到研究者们的广泛关注。概括而言,国内外有关煤的元素地球化学研究主要集中在4个方面:煤中元素的赋存状态、煤中有益/关键金属元素的分布特征和富集机理、煤中有害元素的分布特征及其潜在危害性、煤中元素的地质理论研究意义。以下将从这4个方面进行介绍。

一、煤中元素的赋存状态

查明元素赋存状态对于探讨煤中元素的来源及其在成煤作用全过程中的地球化学行为至关重要(唐修义等,2004)。元素的赋存状态将决定元素在煤燃烧、选矿、转化、风化、浸出或煤经历的其他化学反应过程中的行为(Finkelman,1993)。这些行为又决定了它将如何影响环境、人类健康、煤炭利用的技术性能和副产品回收(Finkelman et al.,2018)。因此,了解元素的赋存状态是评价元素利用价值、评估元素环境效应的基础(唐修义等,2004)。此外,煤中元素的赋存状态可为研究元素的来源和元素煤化过程中发生的变化提供思路(Orem et al.,2014;Finkelman et al.,2018)。

煤中微量元素大部分来自于碎屑物质的供给,主要为被风力或水流搬运进盆地的碎屑颗粒及可溶物;此外,还有少量元素来自于成煤植物(Finkelman,1993)。煤中微量元素的赋存状态是极其复杂的。在同一煤样中,任何一种元素均可处于多种赋存状态,若干种元素又可同处同一赋存状态(唐修义等,2004)。研究者们通常将煤中微量元素在煤中的赋存状态划分为有机结合态和无机结合态2类。其中,有机结合态包括内部络合物、吸附态2类;无机结合态包括独立矿物、类质同象替代、吸附态、独立矿物中的包裹体、有机组分中或煤大分子间的超微矿物"包裹体"5类(赵峰华,1997;任德贻等,2006)。此外,煤中还有部分元素溶于孔隙水中(唐修义等,2004)。

有关煤中元素赋存状态的记载资料可以追溯到1个多世纪以前(Des Cloizeaux,1880)。早期试图确定煤中元素赋存状态的方法主要是基于元素在密度分离实验中的行为来估计元素的有机/无机亲和性(Zubovic et al.,1960,1961)。煤中元素赋存状态研究的方法主要有2种,即直接方法与间接方法。研究者们对煤中元素赋存状态的认识在很大程度上依赖于间接方法,最常见的方法有:

(1)多元统计方法(相关关系/聚类分析)。即依据煤中元素与灰分产率/有机质含量之间的关系来判断其无机/有机亲和性(王文峰等,2002;Sun et al.,2010;Bai et al.,2015;Zheng et al.,2017;Li et al.,2018;Munir et al.,2018)。Dai等(2005)通过元素与灰分产率、铝硅酸盐、碳酸盐及硫化物间的相关系数分析,结合聚类分析,揭示了中国贵州二叠纪煤中元素的分布特征及产出状态。Zheng等(2007)发现稀土元素含量与煤灰分产率呈正相关关系,与煤中主量元素Si、Al、Ti、Fe和Na呈正相关关系,并认为华北二叠纪煤中稀土元素主要赋存于黏土矿物中;但是,Eskanazy等(2010)认为运用相关系数法判断元素的赋存状态存在一定弊端,甚至会得出错误的结论,使用时须谨慎。

(2)逐级化学提取(淋滤)、密度分离与浮沉实验等实验方法。由于这些实验方法需要遵循特定的实验程序,操作较为繁琐,没有多元统计法应用广泛。例如,代世峰等(2002)根据稀土元素的特性,把稀土元素分为水溶态、可交换态、碳酸盐结合态、有机态、硅铝化合物结合态和硫化物结合态,并运用逐步提取法对石炭井、石嘴山和峰峰矿区煤层及顶板中稀土元素的赋存状态进行了研究,得出的结论认为煤层和顶板中的稀土元素都主要赋存于硅铝化合物结合态中。赵志根等(2000)应用密度分离法对淮北煤田煤中稀土元素进行研究发现,稀土元素在大密度样品中的含量相对较高,各密度级稀土元素的分布模式相似。此外,低温灰化结合XRD(X-ray diffraction,X射线衍射)也是研究煤中微量元素赋存状态的常用间接方法之一(张军营等,1998),但由于煤中矿物含量较低,XRD难以准确定量,因此该方法应用于元素赋存状态研究有一定的限制。近几年来,随着实验操作经验的逐步积累和实验条件的改善,不少研究者们对逐级化学提取和密度分离的实验步骤进行了完善、改良。目前,利用这些实验方法能够得出较为准确的元素赋存状态研究结果(Wei et al.,2017;Finkelman et al.,2018)。

煤中元素赋存状态的直接研究方法一般包括两个方面:

(1)微区原位分析,通过测试元素在单个矿物颗粒或显微组分微区中的含量判断元素的赋存状态(Li et al.,2007;Wei et al.,2018)。例如,Querol等(1995)采用激光剥蚀-电感耦合等离子质谱仪(LA-ICP MS)测试了煤光片中硫化物及镜质体、壳质体和丝质体中微量元素含量。Spears等(2007)也采用LA-ICP MS分析了煤光片中矿物及煤显微组分中微量元素(V、Ge、Ni、Cu、Zn、Sr、Ba、Al)含量。

(2)应用红外光谱、X射线光电子能谱(X-ray photoelectron spectroscopy,XPS)、X射线吸收精细结构光谱(X-ray absotption fine structure,XAFS)研究元素的结合状态(赵峰华等,1998)。例如,杨建业等(2015)曾成功应用红外光谱对西山矿区煤中稀土元素与有机质的结合点位进行了研究。由于微量元素在煤中的含量较低且与有机质关系密切(Finkelman,1993;Lin et al.,2017),部分直接方法在煤中元素赋存状态的研究应用上受到了一定程度的限制。

二、煤中有益/关键金属元素的分布特征和富集机理

煤是一种具有还原障性能和吸附障性能的有机岩石和沉积矿产,分布广泛且资源量巨大,在特定的地质条件下,可以富集Li、Al、Sc、Ti、V、Ga、Ge、Se、Zr、Nb、Hf、Ta、U、REY(rare earth elements and Y,包括镧系元素和Y,详见本书第五章第三节)、贵金属等有益元素,并达到可综合利用的程度和规模(代世峰等,2014;Dai et al.,2018b)。随着常规矿产资源的枯竭以及人类需求的增长,煤和/或燃煤副产物

为这些有益元素提供了一种新的来源,并有望成为传统矿产资源的接替或补充资源(Dai et al.,2018a)。一方面,煤和/或燃煤副产物中有益金属元素的回收利用对煤炭经济循环发展及国家稀有金属资源安全具有重要的现实意义和社会意义(代世峰等,2014);另一方面,近年来,随着国际上对关键金属元素越来越重视,煤中的关键金属元素,包括Ge、Ga、U、V、Se、REY、Sc、Nb、Au、Ag、PGEs、Re,以及贱金属Al和Mg等越来越受到关注(Dai et al.,2018a)。国内外已经发现一些煤中有益/关键金属矿床。这些煤中高度富集的金属元素,是潜在重要的关键金属来源(宁树正等,2020)。Ge、U、Ga、Li和REY是研究者们最为关注、研究程度最高的煤中有益/关键金属元素,以下主要简述这些元素的研究进展情况。

1. Ge

早在1930年,Goldschmidt就发现煤中含有Ge,并在1933年检测出英国达勒姆矿区烟煤煤灰中Ge的含量为1.1%,使得从煤灰中提炼锗成为可能(唐修义等,2004)。20世纪60年代,苏联、捷克斯洛伐克、英国和日本等国家开始从煤中提炼出工业利用的锗(代世峰等,2014)。Ge是研究得最多,也是开发利用得最好的煤中伴生元素(唐修义等,2004)。至今,煤-锗矿床已经成为世界上工业用锗的主要来源(Seredin et al.,2013)。目前,从中国云南临沧、内蒙古乌兰图嘎和俄罗斯远东巴浦洛夫这3个煤系锗矿床中提取的锗占全球工业锗总产量的50%以上(Seredin et al.,2013;Dai et al.,2018)。中国煤中Ge的平均值为$2.78\mu g/g$(Dai et al.,2012a),美国煤中Ge的算术平均值为$5.7\mu g/g$(Finkelman,1993),世界煤中Ge的平均值为$2.2\mu g/g$(Ketris et al.,2009),当煤灰中Ge的含量达$300\mu g/g$时就可以考虑提取利用(Dai et al.,2018a)。

与有机质缔合是Ge在煤中的重要赋存方式,煤中Ge也可被黏土矿物吸附,在硫化物和硅酸盐矿物中有可能也含有少量的Ge(唐修义等,2004)。此外,研究者们在乌兰图嘎煤-锗矿床中发现了锗的氧化物(Zhuang et al.,2006;代世峰等,2014)。

煤-锗矿床主要发育于低煤阶煤中(Dai et al.,2018a),盆地边缘或基底花岗岩是煤-锗矿床的主要锗源(Zhuang et al.,2006;Dai et al.,2012a;代世峰等,2014)。我国煤中Ge矿产资源分布的成煤时代包括新近纪、早白垩世、侏罗纪、二叠纪和石炭纪,主要分布于东北赋煤区早白垩世煤层,华北赋煤区石炭纪、侏罗纪煤层,西北赋煤区侏罗纪煤层,华南赋煤区二叠纪煤层以及滇西新近纪煤层(宁树正等,2017)。

2. U

煤中U的提取利用开创了煤副产品成功工业利用的先河(Dai et al.,2018a)。自20世纪中叶美国西部发现褐煤中共(伴)生铀矿床以来,人们对具有重要战略意义的煤中U的研究十分重视(代世峰等,2014)。第二次世界大战以后,煤中U成为美国和苏联工业、军事铀的主要来源之一(Seredin et al.,2008;Seredin,2012b;代世峰等,2014;Dai et al.,2018)。自然界多数煤中的U含量很低,中国煤中U的平均值为$2.4\mu g/g$(Dai et al.,2012a),美国煤中U的算术平均值为$2.1\mu g/g$(Finkelman,1993),世界煤中U的平均值为$2.2\mu g/g$(Ketris et al.,2009),当煤灰中U的含量达$1000\mu g/g$时就可以考虑提取利用(代世峰等,2014;Dai et al.,2018a)。

煤中U的赋存方式主要有:被有机质束缚,被黏土矿物及铁的氢氧化物等矿物吸附,呈类质同象赋存于锆石、磷灰石、金红石等矿物中,独立的铀矿物(唐修义等,2004)。

煤中高度富集的U主要来自于流经或循环于盆地中的富铀地下水(Seredin et al.,2008,2013)。大型煤-铀矿床中U的富集属于后生成因,铀富集始于煤化作用阶段;而小型煤-铀矿床中U的富集始于泥炭堆积和早期成岩阶段(代世峰等,2014)。早在1875年,Berthoud从美国丹佛附近的煤中检测出U含量高达2%;后来在美国的南达科他、北达科他、怀俄明、蒙大拿、科罗拉多、新墨西哥等地,英国的沃里克郡,德国的巴伐利亚,匈牙利的奥伊考,巴西南部,以及苏联和其他一些国家地区都相继发现了富铀煤。我国的西北侏罗纪煤田、云南第三纪(古近纪+新近纪)煤田也发现具有开发利用价值的富铀煤(唐修义等,2004)。

3. Ga

Ga被称之为"电子工业的粮食",与其广泛应用和昂贵价格形成鲜明对比的是,多年来,煤中Ga的成矿研究基本上处于停滞状态。造成这种状况的主要原因在于镓属于典型分散元素,自然界中很难形成独立的矿床(代世峰等,2014)。煤中Ga的含量一般较低,中国煤中Ga的平均值为6.55μg/g(Dai et al.,2012a),美国煤中Ga的算术平均含量为5.7μg/g(Finkelman,1993),世界煤中Ga的平均值为5.8μg/g(Ketris et al.,2009)。代世峰等(2014)认为我国国家标准把煤中Ga的工业品位定为30μg/g不完全合理,当煤灰中Ga的含量达100μg/g时再考虑对它进行开发利用更为合理(Dai et al.,2018a)。此外,当煤灰中Ga和Al作为共(伴)生矿产共同开发时,煤灰中Ga的含量达到50μg/g就可以考虑提取利用(Dai et al.,2012a;代世峰等,2014)。

由于Ga与Al的地球化学性质相似,煤中Ga的赋存大多与黏土矿物有关,Ga主要以类质同象取代Al而赋存于含铝矿物中。岩浆岩在湿热气候下风化时,Al、Ga具有较大的惰性,绝大部分转到残积物中,在表生风化和沉积作用中微量的Ga可赋存于性质与之相近的、丰度高的含铝矿物中,在表生作用带内共同迁移和沉积(任德贻等,2006)。一般认为,煤中的Ga可能主要赋存于黏土矿物中(唐修义等,2004;任德贻等,2006)。此外,富铝矿物也是煤中Ga的载体。例如,准格尔黑岱沟煤-镓矿床中的Ga主要赋存于勃姆石中,部分赋存于高岭石中(Dai et al.,2006);官板乌素煤中Ga的主要载体为磷锶铝石(Dai et al.,2012b);阿刀亥煤中Ga的主要载体是黏土矿物和硬水铝石(Dai et al.,2012c)。在较少情况下,Ga也可以被有机质束缚(唐修义等,2004)。

煤中Ga的富集在宏观上受物源区的控制,盆地沉积过程中有利于Ga富集的介质地球化学环境也是重要的影响因素,水动力条件是控制煤中Ga富集的关键地质地球化学因素之一,后生淋滤作用和地下水活动对煤中Ga的富集也可起到进一步的促进作用(吴国代等,2009)。我国煤中Ga矿产资源分布成煤时代包括古近纪、早白垩世、侏罗纪、二叠纪和石炭纪,主要分布于华北赋煤区石炭纪—二叠纪煤层、西北赋煤区侏罗纪煤层和华南赋煤区二叠纪煤层(宁树正等,2017)。

4. Li

自Ramage(1927)在英国煤灰中检测到Li后,研究者们对煤中Li的认识逐渐深入。1980年,美国地球化学委员会(US National Committee for Geochemistry)组织完成了《与环境质量和健康有关的煤中微量元素地球化学》一书的编写,首次统计了Li在世界煤中的平均值(15.6μg/g)。自然界中绝大多数煤中Li的含量低并且分布不均匀,中国煤中Li的平均值为31.8μg/g(Dai et al.,2012a),美国煤中Li的算术平均值为16μg/g(Finkelman,1993),世界煤中Li的平均值为12μg/g(Ketris et al.,2009),孙玉壮等(2014)建议原煤中Li回收利用的指标为120μg/g。在20世纪80年代,苏联地质学家首次报道了在苏联远东地区的Krylovsk和Verkhne-Bikinsk含煤盆地煤中高Li含量的数据,其煤中Li的含量高达0.1%~0.3%(Seredin et al.,2013)。近年来,研究者们陆续报道了我国煤中Li的异常富集现象。例如,Dai等(2008)报道了准格尔煤田哈尔乌素煤中Li的平均含量为116μg/g,Dai等(2012b)和Sun等(2012)报道了官板乌素煤中Li的平均值分别高达175μg/g和264μg/g,Sun等(2013a)报道了黑岱沟煤中Li的平均值高达143μg/g。此外,研究者们在宁武煤田安太保矿(Li的平均值为172μg/g;Sun et al.,2010)和平朔矿(4号、9号、10号煤中Li的平均值分别为121μg/g、152μg/g、295μg/g;Sun et al.,2013b,2013c)煤中也发现了Li的富集现象。

一般认为,煤中Li主要赋存于硅铝酸盐矿物中(Dai et al.,2008)。Dai等(2012b)基于元素组成数据及XRD分析结果,认为官板乌素煤中Li可能主要赋存于绿泥石、高岭石和伊利石中。Zhao等(2018)认为锂绿泥石是晋城煤中Li主要载体。除了赋存于无机矿物中,煤中Li也可能被有机质束缚。

基于逐级化学实验结果,Finkelman 等(2018)认为在低煤阶煤中,被有机质束缚的 Li 比重可达 50%。Lewińska-Preis 等(2009)通过对挪威斯匹次卑尔根岛 Kaffioyra 和 Longyearbyen 两个矿区煤中 Li 赋存状态的研究发现,Longyearbyen 矿煤中 72% 的 Li 与有机质结合,而 Kaffioyra 矿煤中的 Li 则与无机矿物相关。

我国煤中 Li 矿产资源分布成煤时代包括二叠纪和石炭纪,分布于华北赋煤区石炭纪—二叠纪煤层和华南赋煤区二叠纪煤层(宁树正等,2017)。

5. 稀土元素

稀土元素是含煤岩系重要的共(伴)生矿产资源。美国在 2012 年启动了一项从煤及其燃烧产物中提取稀土的研究项目,并且已经取得了一些重要进展。Finkelman(1993)指出就目前美国的煤产量而言,若煤中稀土可以被提取利用,则可以满足美国对稀土一半以上的需求量。Seredin(1991)报道了苏联远东地区一些煤灰中稀土的含量高达 0.2%~0.3%,与传统风化壳吸附型稀土矿床的工业品位接近。随着传统稀土矿床逐渐枯竭,煤和含煤岩系将是未来最具潜力的稀土元素来源。中国煤中总稀土 REY(La—Lu+Y)的平均值为 $136\mu g/g$(Dai et al.,2012a),美国煤中 REY 的算术平均值为 $62\mu g/g$(Finkelman,1993),世界煤中 REY 的平均值为 $68\mu g/g$(Ketris et al.,2009),当煤灰中的 REY 含量达 $1000\mu g/g$ 时就可以考虑提取利用(Dai et al.,2018)。自 1933 年 Goldschmidt 与 Peters 首次发表了对于煤中部分稀土元素的无机/有机亲和性的研究结果以来(Goldschmidt et al.,1933),不少研究者们也相继开展了对稀土元素赋存状态的研究工作(Eskenazy,1987b,1999;Querol et al.,2001;Lin et al.,2017;Finkelman et al.,2018)。

目前被广泛接受的观点如下:煤中的稀土元素既赋存于无机矿物质中,同时也赋存于有机质中(Eskenazy,1987b;Finkelman,1993;Lin et al.,2017)。从来源上讲,煤中的稀土元素主要与来自碎屑物源区的原生矿物有关(Schatzel et al.,2003;Qi et al.,2007)。然而,当搬运到泥炭沼泽中的原生矿物发生改变或被破坏时,一部分稀土元素会发生溶解活化,这些溶解状态的稀土元素可能与有机质发生络合/吸附作用而被有机质束缚(郑刘根等,2006),或者重新分配后被保留在自生矿物中(Schatzel et al.,2012)。基于此,Seredin 等(2012)将煤中稀土元素的赋存状态分为 3 种:①赋存于原生碎屑或火山岩碎屑矿物中(主要为独居石,少量磷钇矿),或者以类质同象进入陆源碎屑或者火山灰来源的矿物中(如锆石、磷灰石等);②赋存于自生矿物中,如含稀土的铝磷酸盐矿物、硫酸盐矿物、含水的稀土元素硫酸盐矿物、氧化物及碳酸盐和氟碳化合物等;③赋存于有机质中。此外,代世峰等(2014)提出煤中稀土元素还能以离子吸附的形式存在。

煤-稀土矿床富集成因主要有火山灰作用、热液流体(出渗型和入渗型)、沉积源区供给 3 种类型(代世峰等,2014)。煤中稀土元素的富集成矿在俄罗斯(Seredin et al.,2012;Seredin,1996)、美国(Hower et al.,1999)、保加利亚(Eskenazy,1987a)等国家被发现。在中国广西扶绥煤田(Dai et al.,2013)、四川华蓥山煤矿(Dai et al.,2014)、内蒙古官板乌素煤矿(Dai et al.,2012b)等地也发现了煤中稀土元素富集成矿的现象。

三、煤中有害元素的分布特征及其潜在危害性

煤中有害元素在煤炭开采及加工利用过程中对环境与人体健康带来极大伤害。任德贻等(1999)将煤中的 Ag、As、Ba、Be、Cd、Co、Cl、Cu、Cr、F、Hg、Mn、Mo、Ni、Pb、Se、Sb、Th、Tl、U、V 和 Zn 共 22 种元

素列为有害元素,其中,Be、Cd、Hg、Pb 和 Tl 为有毒元素,As、Be、Cd、Cr、Ni 和 Pb 为致癌元素。近年来,随着人们对煤中伴生元素资源的重视,煤中 U、V 等元素在一定条件下可作为有益元素进行提取利用。研究者们对有害元素的研究主要包括以下 3 个方面。

1. 煤中有害元素的分布特征、富集类型及成因

任德贻等(1999)根据煤中有害元素富集的主导因素,划分出 5 种煤中有害微量元素富集的成因类型:陆源富集型、沉积-生物作用富集型、岩浆-热液作用富集型、深大断裂-热液作用富集型、地下水作用富集型。代世峰等(2003)对华北地台晚古生代煤中微量元素及 As 的分布进行了研究,结果表明 As 的区域分布和古地理环境及煤岩煤质特征相吻合,指出华北地台晚古生代煤中微量元素的分布总体上主要受控于聚煤古环境,其分布具有南北分带、东西延展的特征。李大华等(2006)对云南、贵州、四川和重庆等地煤中 12 种有害微量元素的分布特征进行了研究,结果表明西南地区煤中有害微量元素在地域分布和地质历史时间分布上具有明显的分异性。西南地区煤中微量元素的富集主要与陆源碎屑供给、低温热液活动、同沉积火山灰等作用有关。刘汉斌等(2017b)分析了山西煤中 4 种常见有害元素 F、Cl、As、Hg 的分布特征和富集规律,研究发现:①山西煤中有害元素总体具有低 F,高 Cl 的特点。石炭纪—二叠纪煤低 F、As、Hg,高 Cl;侏罗纪煤高 Hg、As、Cl,低 F。②Cl 主要富集于西山矿区、霍州矿区,As 主要富集于大同侏罗纪矿区和沁水煤田武夏矿区,Hg 主要富集于平朔矿区和西山矿区。③控制山西煤中有害元素富集的主要因素包括聚煤环境、沉积物源性质和岩浆热液活动。

2. 煤中有害元素的赋存状态

王文峰等(2003a)基于前人资料的分析总结,系统探讨了煤中 Ag 等 26 种有害微量元素[①]的赋存状态。研究结果表明,煤中有害元素或多或少都与无机质、有机质有关,只是相关程度不同。煤中 B、Be、Br 等的赋存状态主要为有机结合态,其他有害元素主要为无机结合态。唐书恒等(2017)对准格尔煤田串草圪旦煤矿 5 号煤中有害元素的赋存状态与分布规律进行了研究,运用数理统计方法发现:5 号煤中,F、Se 无机亲和性强,Be、As、U 为亲有机元素,Hg 与 S 呈显著正相关。赵晶等(2011)对平朔矿区 9 号煤中 Cd、Cr 和 Tl 的分布规律及赋存状态进行了研究,揭示了 Cd、Cr 和 Tl 在矿区中的平面分布特征,并认为 Cd、Cr 和 Tl 主要赋存于黄铁矿和黏土矿物中。

3. 有害元素在加工利用过程中的危害性及迁移转化规律

煤中有害元素对人体和环境具有一定的潜在危害性,煤中有害元素引发的地方病、中毒及环境污染问题较为普遍。煤中有害元素已成为煤绿色高效利用研究的重要内容。研究者们对煤洗选、燃烧、热解、气化过程中有害微量元素的迁移规律及其对人体和环境的影响进行了研究。闻明忠等(2010)对两个燃煤电厂的原煤、底灰、飞灰和超细飞灰中的 As、Cd、Cr、Pb、Se、Mo、Ni、Be、Cu、Th、U、V、Zn、Hg 共 14 种元素进行了对比研究,揭示了它们在燃煤气态产物和固态产物(底灰、飞灰、超细飞灰)中的分配富集特征,并分析了这些元素的环境效应。冯新斌等(1999)利用连续化学浸取实验方法,对采自贵州省二叠系龙潭组 32 个煤样中 10 种潜在有害微量元素的化学活动性进行了研究。结果表明,煤中 Hg、As、Se、Cd、Cu、Pb 等元素具有极强的化学活动性。煤中潜在有害微量元素的化学活动性取决于元素在煤中的赋存状态。赋存于硫酸盐、碳酸盐、硫化物和部分有机相中的元素在风化过程中很容易被带出,而赋存于硅酸盐矿物相中的元素在表生条件下非常稳定。郭瑞霞等(2002)利用自行设计的加压密闭快速热解反应器研究了煤热解过程中有害元素的变迁规律。

---

① 这 26 种有害微量元素分别为 Ag、As、B、Ba、Be、Cd、Cl、Co、Cr、Cu、F、Hg、Mn、Mo、Ni、P、Pb、Sb、Se、Sn、Th、Tl、U、V、Zn 及 Br。

四、煤中元素的地质理论研究意义

整体来看,煤中元素的地质理论研究意义主要包括以下3个方面。

1. 对沉积环境的指示

元素的丰度或比值可用以反映古盐度等信息,揭示成煤期海水对泥炭沼泽的影响。研究者们常用元素 S、B、U,以及 Th/U 比值、Sr/Ba 比值和 B/Ga 比值等指标指示成煤期的沉积环境(Dai et al.,2020)。例如,煤中同生来源的高硫含量通常与受海洋影响的沉积环境有关(Dai et al.,2020)。Chou (2012)认为低硫煤通常形成于陆相河流环境而高硫煤通常形成于受海水影响的环境,煤中的硫含量取决于煤是否受海水的影响及在泥炭堆积和沉积期后的成岩过程中海水对其的影响程度。B也可作为成煤环境古盐度的指示指标(Dominik et al.,1993)。Goodarzi 等(1994a,1994b)认为煤中 B 的含量与古环境之间有密切的联系。淡水与半咸水及半咸水与海洋环境的边界值分别为 50mg/kg 和 110mg/kg。Goodarzi 等(2009)在对加拿大 Elk Valley 煤田煤的研究中也采用 B 的含量对研究区煤的沉积环境做出判断,其结论与通过其他方法得出的结论吻合得较好。

2. 对煤中碎屑物质源区的指示

同生沉积过程(如碎屑沉积物的输入)及沉积期后过程(如地下水携带元素进入泥炭/煤矿床)都是影响煤中碎屑物质源区判断的重要因素。通过稀土元素来判别碎屑沉积物的源区是一种比较成熟的方法(Eskenazy,1987a;Birk et al.,1991)。例如,Schatzel 等(2003)借助于稀土元素对美国 Ohio 东部和 Pennsylvania 西部煤矿床煤中矿物来源进行了探讨,结果表明煤与其下伏泥岩具有相似的稀土元素配分模式,指示了研究区煤中的矿物主要来自于该泥岩相似的碎屑源区。另外,Al_2O_3/TiO_2 比值是沉积岩源区示踪的良好指标(Hayashi et al.,1997),同时也可以用于指示沉积物和煤的碎屑物源区(Dai et al.,2015a;Baioumy et al.,2018;Spears et al.,2019)来自于基性、中性、酸性岩石的 Al_2O_3/TiO_2 比值分别为 3~8、8~21、21~70(Hayashi et al.,1997)。

3. 在煤层对比中的应用

在煤田地质勘探工作中,煤层对比研究十分重要,很早就有人利用微量元素作为煤层对比标志。此项工作的前提是,已经通过大量样品的检测,基本了解研究区内各个煤层微量元素的分布特征,并发现部分煤层里某种元素、某两种元素的比值、若干种元素组合具有明显的特征,可以用作判别标志(唐修义等,2004)。例如,王强等(2008)以晚二叠世黔西毕节地区可采煤层中的稀土元素为研究对象,探讨了稀土元素在煤系地层对比、划分中的应用。李晖等(2011)对淮南张集矿区煤中微量元素的含量分布特征进行了分析,探讨了元素在不同煤层中的变化规律及其在煤层对比中的应用。

第二节 研究区研究现状

山西省位于华北板块中部,是我国重要的产煤和输煤大省。山西省的聚煤盆地可划分为6个主要煤田,分别为大同煤田、宁武煤田、河东煤田、西山煤田、沁水煤田和霍西煤田。山西省煤炭资源的成煤时期主要为晚古生代—中生代,其中晚古生代含煤地层为石炭系—二叠系太原组和二叠系山西组;中生代含煤地层为侏罗系大同组,且大同组仅赋存于大同煤田和宁武煤田;山西中北部煤炭资源主要开采大同组和太原组煤层,南部主要开采山西组和太原组煤层(刘东娜等,2018)。此外,山西省也是全国煤层气资源最为丰富的省份,全省六大煤田均有煤层气赋存。

沁水盆地位于山西省东南部,是中国北方石炭纪—二叠纪煤炭资源最重要的赋存地之一,煤炭资源量高达$2.7×10^{11}$t;也是一个煤层气资源非常丰富的盆地,埋深小于2km的煤层气地质资源量可达$3.98×10^{12}$m³(徐刚等,2013);还是中国最早进行煤层气勘探开发和首个煤层气规模化开发的区域,其煤层气勘探程度在国内目前是最高的。相比于它在煤层气方面所取得的关注度和丰富研究成果,沁水盆地煤中元素的研究相对薄弱。概括而言,研究者们对沁水盆地煤中元素的研究主要集中在揭示煤中部分元素的分布特征、分析元素的赋存状态和富集因素等方面。例如,沈阳(2019)分析了沁水煤田首阳山煤矿的3号和9号煤中元素特征,认为3号煤中富集Li、Sr、Zr等元素,9号煤中富集Li、Sc、V等元素。申伟刚(2019)对沁水煤田昔阳县坪上矿和长治县首阳山矿15号煤中元素特征进行了初步研究,结果表明坪上矿煤中的微量元素Li、U,首阳山矿煤中的微量元素Mo、Cd、U,均高于中国煤平均值。刘贝等(2015,2016)分析了沁水盆地晚古生代煤中稀土元素、硫和有害元素的地球化学特征,认为煤中稀土元素主要赋存在黏土矿物中,部分赋存在有机质中,煤中硫对有害微量元素富集有一定影响。Zhao等(2019)对沁水盆地晋城矿区15号煤中部分关键金属元素进行了研究,结果表明15号煤中富集元素Li、Mo、U、Se、Re和REY,并指出元素Mo、U、Se和Re的富集与泥炭形成后的早期成岩期所经历的海侵过程有关,Li和REY的富集与燕山期受岩浆活动影响的热液流体或者晚三叠世—早侏罗世异常热事件有关。

虽然研究者们对沁水盆地煤中元素已经有了初步的了解和认识,但仍有一些问题值得进一步关注,主要体现在以下两个方面:

(1)对沁水盆地煤中潜在有益元素(例如Li)分布规律、赋存状态及其控制因素的研究仍不足。研究者们已经注意到山西省某些煤田煤中有Li等元素的富集现象。例如,刘帮军等(2014)注意到了宁武煤田平朔矿区9号煤中Li的富集现象,其Li的平均含量达152μg/g。此外,Sun等(2010)报道了宁武煤田安太保矿煤中Li的平均含量为172μg/g,Sun等(2013b,2013c)报道了平朔矿4号、9号和10号煤中Li的平均含量分别为121μg/g、152μg/g和295μg/g。刘汉斌等(2017)的研究表明,除了Li之外,宁武煤田目前具有较大工业价值和较好开发前景的煤炭共(伴)生矿产主要还有Ga、Al、REY等。李昌盛等(2017)对河东煤田煤中Ga的分布规律和工业前景进行了分析,认为河东煤田北中部矿区山西组下部地层煤中Ga接近工业品位,具有一定开发潜力。高颖等(2012)分析了河东煤田北部煤中Ga的垂向和平面赋存特征及Ga富集的控制因素,研究结果表明,区内煤中Ga的载体主要为黏土矿物,Ga富集主要与物源、沉积环境有关。卫宏等(1990)通过对西山煤田煤中Ga的研究,总结了Ga品位达到工业要求地段的空间分布特征。刘汉斌等(2018)揭示了西山煤田煤系Li、Ga分布特征和决定因素,分析了西山煤田煤系Li、Ga的内蕴资源量和工业前景。孙富民(2018)在山西省六大煤田生产矿井系统布设采样点,系统调查山西省石炭纪—二叠纪主采煤层煤中Li的含量与分布特征。研究结果表明,山西省石炭纪—二叠纪煤中Li的平均含量较高,由北到南整体均呈低—高—低的变化趋势,沁水煤田太原组主采煤层存在两个煤系伴生锂矿成矿潜力区。刘东娜等(2018)对山西省煤系伴生"三稀"矿产资源的综合分析表明,山西省宁武煤田平朔矿区为煤系伴生锂超大型矿床;宁武煤田北部、大同煤田北部、河东煤田北部及西山煤田局部地区具备煤系伴生镓成矿潜力;沁水煤田和西山煤田山西组含煤岩系伴生稀土元素均有一定的工业开发利用价值。由此可见,沁水煤田煤中的Li、REY等有益元素可能具有一定的潜在开发利用价值,但是研究者们对这些元素的深入研究仍然非常欠缺,元素赋存状态的判断多依赖于多元统计分析等方法,缺乏综合手段,导致对元素富集因素的分析也缺乏坚实的研究基础。因此,有必要进行详细且系统的研究工作。

(2)煤中稀土元素赋存状态、有机亲和性等问题仍需要进一步研究。如前所述,刘贝等(2015)已经注意到沁水盆地晚古生代煤中稀土元素具有一定的有机亲和性。但研究者们对于轻稀土元素(LREE)和重稀土元素(HREE)间的有机亲和性差异及其机制还缺乏清晰认识。实际上,基于长期的研究积累,研究者们已经注意到煤中稀土元素普遍具有一定的有机亲和性(例如,邵靖邦等,1997;黄文辉等,1999;

姜尧发等,2006),但是对于哪些稀土元素有机亲和性更强的认识仍没有统一。例如,通过不同显微组分与全煤中稀土元素含量的对比研究,Eskenazy(1987b)发现镜煤相对富集重稀土元素,并认为该富集可能是由于沼泽流体中相对富集重稀土元素和/或重稀土元素相对于轻稀土元素具有更强的有机亲和性。为了查明重稀土与有机质的结合能力是否比轻稀土强,Eskenazy(1999)对几种轻、重稀土元素与腐植酸和亮煤进行了吸附实验。其结果表明,不同的稀土元素与腐植酸和亮煤的吸附量都相似,具有相似的有机亲和性。Dai等(2008)通过对比轻、重稀土元素与灰分产率间不同的相关性认为,同灰分产率相关性较弱的轻稀土元素与有机质的亲和性比重稀土元素的更强。Seredin等(2012a)则发现在富集稀土元素的低灰、低煤阶煤中提取出的腐植酸更加富集中稀土元素。近期,Lin等(2017)采用密度分离实验研究了阿巴拉契亚中部煤中稀土元素的有机/无机亲和性,实验表明有机质倾向于富集重稀土元素。Finkelman等(2018)采用逐级化学提取法定量研究了煤中稀土元素的赋存状态,结果表明,煤中重稀土元素有机结合态的占比要高于轻稀土元素的。稀土元素是沁水盆地煤中潜在有益伴生元素,对煤中稀土元素的赋存状态及其有机亲和性的研究不仅具有重要的理论意义也具有一定的经济价值。

基于此,本研究以沁水盆地山西组3号煤为研究对象,在查明其煤岩特征、煤化学组成、矿物特征及煤中常量元素、微量元素和稀土元素地球化学特征的基础上,对煤中元素的赋存状态进行探讨。本研究中除了采用相关性分析这一常用手段进行元素赋存状态分析外,还使用了逐级化学提取实验和浮沉实验两种实验方法进行综合研判,重点分析煤中的REY和Li。此外,结合元素自身性质,探讨了煤中REY间有机亲和性的差异及其形成机制,并对煤中Li赋存方式的控制因素进行了分析。本研究成果将为沁水盆地煤炭绿色高效开采及煤系共(伴)生矿产资源合理利用提供重要支撑。

第三节 主要研究内容及研究方法

一、主要研究内容

本书的主要研究内容包括以下5个方面。

1. 煤岩特征

煤岩特征包括宏观煤岩特征和显微煤岩特征。宏观煤岩特征研究主要是对所采集的煤岩样品进行手标本观察,确定煤体结构特征及宏观煤岩类型。显微煤岩特征研究主要是对采集的样品进行粉煤光片制作,在偏光显微镜下观察鉴定,统计显微煤岩组成。

2. 煤的化学组成

煤的化学组成包含煤中空气干燥基水分(以下简称水分)含量、灰分产率、挥发分产率的测定,并对其特征、规律进行总结。

3. 煤中矿物的特征

运用偏光显微镜、X射线粉晶衍射仪(XRD)、扫描电子显微镜(scanning electron microscope,SEM)揭示煤中矿物种类、含量、大小、形貌、产状及元素组成等特征,并对煤中矿物的赋存状态进行总结。

4. 煤中元素的特征

煤中元素特征的描述包括测试所采煤样中常量元素、微量元素及稀土元素的含量,总结元素在平面上、垂向上的变化规律。

5. 煤中元素的赋存状态

运用数理统计法分析煤中微量元素与灰分产率、常量元素间的相关关系,结合逐级化学提取实验与浮沉实验测试结果，分析煤中元素的赋存状态，重点分析潜在有益/关键金属元素中的 REY 和 Li。在此基础上，结合元素自身性质，探讨煤中 REY 和 Li 赋存状态的控制因素。

二、研究方法

1. 煤岩特征和煤的化学组成

观察煤岩手标本特征，在此基础上制备粉煤光片，用偏光显微镜观察煤中显微组分基本特征；按照国际标准（ASTM 标准）要求对煤样进行水分含量、灰分产率和挥发分产率的测定，了解煤的化学组成，为后续的分析提供基础的煤岩、煤化学数据。

2. 煤中矿物的特征

采用 XRD 研究样品的组成矿物种类，并定量分析组成矿物的含量。采用 SEM 进行矿物微区形貌、产状的观测，同时进行矿物成分测定。在运用以上研究方法的基础上，进行煤中矿物特征（包括矿物种类、含量、形貌、元素组成、矿物间的相互关系等）研究，厘清煤中矿物的成因及形成过程，揭示矿物与元素之间可能的潜在关系。

3. 煤中元素的测试

采用电感耦合等离子发射光谱仪（ICP-OES）和电感耦合等离子质谱仪（ICP-MS）测定煤中常量元素、微量元素与稀土元素的组成。

4. 煤中元素的赋存状态

运用多元统计分析方法，结合逐级化学提取实验对煤中元素的赋存状态进行量化研究，同时辅助浮沉实验，系统揭示煤中元素的赋存状态（重点分析煤中的 REY 和 Li）。

第四节　样品采集及分析测试方法

一、样品采集

此次研究样品采集于沁水盆地山西组 3 号煤，共 8 个采样点，采集样品 77 块，其中，煤样 51 块、夹矸 6 块，顶、底板 20 块。采样位置见图 1-1。其中，1 号采样点位于晋城市陵川县杨村乡平城镇（地理坐标：N35°49′31.6″,E113°16′11.4″），采集煤样 1 块、顶板 1 块、底板 1 块，其样品编号分别为 P1-1、P1-R①、P1-F；2 号采样点位于晋城市下村镇上寺头村（地理坐标：N35°40′06.7″,E112°42′35.8″），采集煤样 1 块、顶板 1 块、底板 1 块，其样品编号分别为 X2-1、X2-R、X2-F；3 号采样点位于晋城市阳城县建材陶瓷厂（地理坐标：N35°28′38.3″,E112°27′39.2″），采集煤样 3 块、顶板 1 块、底板 1 块，其样品编号分别为 J3-1～J3-3、J3-R、J3-F；4 号采样点位于长治县西火镇南大掌村（都城隍附近；地理坐标：N35°53′57.3″,E113°11′06.8″），采集煤样 1 块、顶板 1 块、底板 1 块，其样品编号为 N4-1、N4-R、N4-F；5 号采样点位于长治市苏村煤矿（地理坐标：N36°27′23.8″,E112°57′23.9″），采集样品 16 块，其中，煤样 14 块、夹矸 2 块，其中，煤样编号为 S5-1～S5-8、S5-10～S5-13 和 S5-15、S5-16，夹矸编号为 S5-9-P、S5-14-P；6 号采样点位

---

① 样品编号中带"R"的为顶板样品，带"F"的为底板样品，其余的均为煤层样品，带"P"的为夹矸样品。

于阳泉市郊区规划和自然资源局旁露天采空煤广场（地理坐标：N37°55′16.7″,E113°33′9.9″），采集煤样4块、顶板1块、底板1块，其样品编号分别为Y6-1～Y6-4、Y6-R、Y6-F；7号采样点位于左权墨镫乡（地理坐标：N37°49′50.1″,E113°26′0.5″），采集煤样1块、顶板1块、底板1块，样品编号为M7-1、M7-R、M7-F；8号采样点位于长治市高河煤矿（地理坐标：N36°08′22.5″,E112°59′15.0″），采集煤样11块、夹矸1块、顶板1块、底板1块，其中，煤样编号为G8-1～G8-9、G8-11～G8-12，夹矸编号为G8-10-P，顶、底板编号为G8-R、G8-F；9号采样点位于晋城市寺河煤矿，采集样品16块，其中，西井区8块，包括煤样5块、夹矸1块、顶板1块、底板1块，其样品编号分别为X-1、X-2、X-4～X-6、X-3-P、X-R、X-F；东井区8块，包括煤样5块、夹矸1块、顶板1块、底板1块，编号分别为D-1、D-2、D-4～D-6、D-3-P、D-R、D-F；10号采样点位于高平市赵庄煤矿，采集样品8块，包括煤样5块、夹矸1块、顶板1块、底板1块，其样品编号分别为M-1～M-3、M-5、M-6、M-4-P、M-R、M-F。

需要说明的是，1号—4号、6号、7号采样点的样品均采自野外露头，5号、8号—10号采样点的样品均采自井下煤矿。

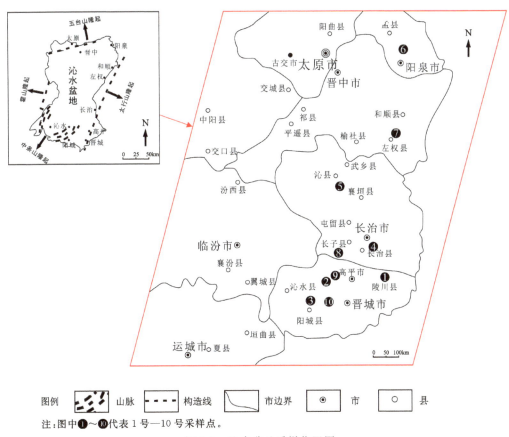

图 1-1　沁水盆地采样位置图

二、分析测试方法

1. 样品前处理

所采样品在实验室粉碎至粒度1.0mm以下，需注意的是在碎样过程中不能过度粉碎，保证粒度小于0.1mm的样品不超过10%。样品混匀后，所有样品按照不同分析测试项目的质量要求，采用堆锥四分法将样品进行缩分。总体来看，所需样品类型可分为5类：

(1)用堆锥四分法将粒度小于1.0mm的样品(小于0.1mm的样品不超过10%)缩分至10～20g,进行粉煤光片制作。

(2)用堆锥四分法将步骤(1)缩分后的剩余样品混匀,继续缩分至10～20g,并将缩分取得的样品继续粉碎至粒度小于0.2mm,用于工业分析(水分、灰分产率、挥发分产率的测定)。

(3)用堆锥四分法将步骤(2)缩分后的剩余样品混匀,继续缩分至30～40g,并将缩分取得的样品继续粉碎至200目以下,用于XRD、常量元素、微量元素、稀土元素测试。

(4)用堆锥四分法将步骤(3)缩分后的剩余样品混匀,继续缩分至10～20g,并将缩分取得的样品继续粉碎至120目以下,用于浮沉实验。

(5)用堆锥四分法将步骤(4)缩分后的剩余样品混匀,继续缩分至10～20g,并将缩分取得的样品继续粉碎至100目以下,用于逐级化学提取实验。

2. 分析测试方法

1)煤岩特征相关分析

宏观煤岩鉴定依据国家标准《烟煤的宏观煤岩类型分类》(GB/T 18023—2000)进行,肉眼观察鉴定煤样手标本的结构、构造,识别煤样的颜色、光泽以及裂隙发育状况,并初步确定煤样的宏观煤岩类型。

粉煤光片制作和抛光依据国家标准《煤岩分析样品制备方法》(GB/T 16773—2008)进行,粉煤光片显微组分统计依据国家标准《煤的显微组分组和矿物测定》(GB/T 8899—2013)进行。

2)工业分析

工业分析包括煤中水分含量、灰分产率、挥发分产率的测定。采用国际标准ASTM D3173/D3173M-17a、ASTM D3175/D3175M-17a 和 ASTM D3174-12[①] 分别对煤样煤中的水分含量、挥发分产率和灰分产率进行测试。

3)XRD

采用XRD(荷兰Panalytical,X'Pert Pro)对煤、顶底板、夹矸等样品中的矿物进行定性、定量分析。测试条件如下:Cu靶,$K\alpha$射线,Ni滤波,电压40kV,电流40mA,扫描步长0.01°,扫描速度每步0.05s,2θ范围为3°～65°,采用X'Pert High Score Plus软件进行矿物定量分析。

4)SEM

应用带能谱的扫描电子显微镜(SEM-EDS,荷兰FEI,Quanta 200)观察矿物形貌,同时测定其元素含量。样品表面喷镀碳膜,工作电压为20kV,工作距离为11.0～11.6mm。

5)常量元素和微量元素测定

首先将煤样加酸进行消解,具体操作流程如下:称量40mg样品(200目以下)于Teflon瓶中,加入1.5mL HNO_3和0.5mL HF,放入高压釜中180℃加热溶解12h,溶解后加入0.25mL $HClO_4$放置于150℃电热板上蒸干,随后加入1mL HNO_3和1mL超纯水回溶,在高压釜中150℃加热12h。最后稀释到40g左右,转入聚酯瓶中待测。使用ICP-OES结合动物凝胶重量法测定煤样的常量元素含量,使用ICP-MS测定煤样的微量元素含量。空白样、标样和平行样进行相同的操作过程以监测分析测试过程的精准度。

夹矸样品和顶底板样品的前处理流程与煤样的相似,唯一的区别在于,煤样的第一步消解采用的是

---

① ASTM, 2012. Standard test method for ash in the analysis sample of coal and coke from coal: D3174-12 [S]. West Conshohocken, PA: ASTM International.

ASTM, 2017. Standard test method for moisture in the analysis sample of coal and coke: D3173/D3173M-17a [S]. West Conshohocken, PA: ASTM International.

ASTM, 2017. Standard test for uolatilematter in the analysis sample of coal and coke: D3175/D3175M-17a [S]. West Conshohocken, PA: ASTM International.

1.5mL HNO_3 和 0.5mL HF,而夹矸样品和顶底板样品的第一步消解采用的是 0.5mL HNO_3 和 1.5mL HF。

二氧化硅的测定采用动物凝胶重量法。煤样在测试之前经 815℃ 灰化成煤灰。详细测试流程为：准确称取 1.000 0g 样品放入铂金坩埚内,加入 6.0g NaOH 后,放入 700℃ 马弗炉内熔融 40min,取出稍冷,置于盛有热水的 250mL 烧杯内,加 25mL HCl 浸提,低温蒸干浸提溶液,加 25mL HCl,放置过夜;70~75℃ 水浴 10min,加入新配的 1% 动物凝胶 10mL,于水浴保温 10min,中速滤纸过滤,再经低温灰化,于 950℃ 灼烧 2h,取出后放入干燥器内冷却 30min,准确称重。与标样比对,偏差小于 1%。

此外,本研究还涉及到了逐级化学提取实验和浮沉实验,这两项实验的测试分析过程将在对应的章节里详细介绍。

第二章 区域地质背景

本章主要对沁水盆地的构造特征、地层特征、煤层特征、岩浆活动进行介绍。

第一节 构造特征

沁水盆地位于山西省东南部，其地理坐标为 N35°15′—N38°10′、E112°00′—E113°45′（山西省煤炭管理局，1960）。沁水盆地东邻太行山隆起带，西邻霍山隆起带，南接中条山隆起带，北靠五台山隆起带（图2-1）。沁水盆地地质位置处于华北地台活化区山西隆起上，古构造上属于华北地台中带，整体上为中生代以来形成的巨型向斜构造，总体呈长轴状沿北北东向延伸，中间收缩为椭圆状。其长约350km，宽100~120km，面积约35 000km²（山西省地质矿产局，1989）。

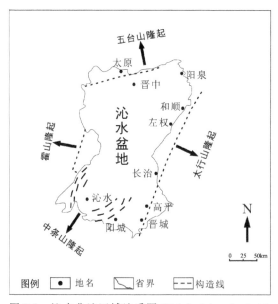

图 2-1 沁水盆地区域地质图（修改自 Cai et al., 2011）

盆地总体构造特征以盆地内稳定、边缘活动强烈为特点。盆内构造简单，地层平缓，倾角为10°左右。在古构造上，沁水盆地是华北晚古生代成煤期之后由断块差异抬升形成的山间断陷盆地。复式向斜轴线大致位于榆社—沁县—沁水一线，总体为被周缘断裂所围限的矩形断块。断层发育水平较低，仅在盆地边缘形成一些大规模的断裂构造，以北东向和北东东向高角度正断层为主，主要赋存于沁水盆地西北部、西南部和东南部边缘处，盆地区与周缘隆起区以断层相接，其东侧以太行山大断裂与太行块隆相邻，西南部分以横河断裂与豫皖断块为界，西侧以霍山断裂、浮山（东）断裂带分别与吕梁块隆、临汾-运城新裂陷相接，西北部分以洪山-范村断裂与晋中新裂陷衔接，北侧则以交城大断裂的北东段、下口断裂与五台山块隆为界。根据盆地不同区域构造样式差异，整体上可将沁水盆地划分为7个构造带（山西省地质矿产局，1989）。

（1）沾尚-武乡-阳城北北东向褶带。主要展布于和顺、左权、屯留、阳城一线以西，寿阳松塔、榆社云簇、沁源、安泽一线以东的广大地带，该褶皱带是沁水盆地的主体，主要出露二叠系、三叠系，为由一系列不同级别褶皱组成的复式向斜。次级褶曲的轴向为北北东向，向斜宽阔，背斜相对较窄。在褶带内的一些地段出现构造干扰或复合。在襄垣县五阳—屯留县张店—安泽县罗云一线，发育有北东东向断裂带延续长达80km，断裂宽6~10km，并伴生有同向的褶皱，断面一般较陡、平整光滑，有水平擦痕，显示了压扭性质，在昔阳县以西、沾尚以南、以老庙山为核心是一个由弧形褶曲组成的小型莲花状构造；内旋层呈顺时针方向旋转，外旋层呈反时针旋转；影响半径约15km。在阳城县以东、沁水县十里及固县一带发育有南北向楔形褶皱群，分布范围南北长约56km，北宽（25km）南窄；北部褶曲密集，向南逐渐减少；褶曲属于开阔型，两翼岩层倾角一般为6°~12°，少数达20°。

（2）娘子关-坪头坳缘翘起带。位于沁水盆地的东北边缘，总体表现为东翘西倾的单斜构造，岩层走向北北东，倾角10°左右。翘起的岩层由西向东依次为石炭系、奥陶系、寒武系、长城系。左权县粟城—黎城县南委泉一带还出露有新太古代变质岩层。整个翘起带的构造较为简单，仅见一些小断层。在北部的娘子关—平定县一带，发育有1处向西南方向撒开、北东方向收敛的帚状构造。帚状构造的中部被北北西向的巨型地堑切割。巨型地堑长23km、宽2km，使得在这一带大面积奥陶系分布区保留了一长条石炭系。在帚状构造的南侧，昔阳县南北一带—和顺县发育1组呈"多"字形斜列的断裂组，其北端断裂较短，南端断裂延长达20km，成为娘子关-坪头坳缘翘起带与沾尚-武乡-阳城褶皱带的分界线。平定、昔阳玄武岩的火山喷出口分布于此断裂带上，著名的河北省井陉雪花山玄武岩的火山喷出口也可能是在此"多"字形断裂向北东延长的端部。

（3）析城山坳缘翘起带。位于阳城县以南，呈半圆形，为南翘北倾的单斜层，由北向南依次出露石炭系、奥陶系、寒武系，在与河南省交界的一些深切沟谷中还可见到长城系。翘起带的北部沿董村、驾岭、台头、陟椒一带发育有成组出现的东西向断裂，它们断续相连成带，总长达60km。断裂面倾向北或南，倾角50°~60°，多属高角度逆冲断层。

（4）太岳山坳缘翘起带。位于沁水盆地的西缘，带内地层西翘东倾，倾角20°~25°，由东向西依次出露石炭系、奥陶系、寒武系，最西部为太岳山群、霍县群。该翘起带南端构造较为复杂，发育有北北东向断裂。另外，整个翘起带被5条较大的北东东向断裂穿切，断裂呈雁行斜列，间距大致相等（8~10km）。

（5）郭道-安泽近南北向褶皱带。位于太岳山坳缘翘起带与沾尚-武乡-阳城褶皱带之间；南北长约140km，东西宽20km（北宽南窄）；出露地层为石炭系、二叠系、下三叠统。该褶皱带走向北北东，褶皱排列较为紧密，单个褶曲的宽度为2~3km，两翼倾角10°~40°。偏西部的褶曲轴面略向东倾，两翼不对称；东部褶曲的两翼近于对称。该褶皱带延长较长，成群成组出现的褶皱表现为若断若续，可能是受到北东东向构造干扰所致，使这些褶皱的枢纽呈波浪状起伏。

（6）普洞-来远北东东向褶断带。展布于沁水盆地的西北部，从介休县天中山、板峪，平遥县普洞、石城，向北东直到榆社县白壁一带。出露地层从奥陶系、石炭系、二叠系到三叠系均有分布，中侏罗统也有零星分布。总体上，从西到东，地层分布由老到新。该褶断带构造极为复杂，北东东向的褶皱和断裂呈"多"字形密集斜列，但近南北向褶皱在其西部有强烈的表现，东北部分又叠加了一些略呈弧形的北东向褶皱和断裂构造。褶断带的主体褶皱表现为一些走向NE70°~80°的开阔背斜和紧闭向斜，断裂表现为与褶皱轴方向一致而成组密集出现于向斜槽部，呈地堑式或地垒式。这些断裂虽表现为正断层性质，但破碎带发育有断层泥、构造凸镜体，常伴生次级小褶曲，断面光滑、有擦痕，显示了压性构造结构面的特征，形成挤压带。自南西向北东，依次为孟山-分角带、南窑头-子金山带、来远带、上黑峰-白壁带和浔濮带。每个带的延长为40~70km，宽1~2km，带与带之间基本为等间距分布（约6km）。

（7）孟县坳缘翘起带。位于沁水盆地的北缘。总体表现为北翘南倾的单斜构造。岩层走向近东西，倾角10°左右,出露地层由南向北依次为石炭系、奥陶系、寒武系。局部地段出现次级构造,在孟县仙人村一带,发育北东东向枢纽正断层,长达20km。该枢纽断层西段断面北倾,中段、东段断面南倾,断层两侧还出现一些宽缓的褶曲。另外,在翘起带东部烧磁窑及以东地带出现有南北走向的燕山期闪长玢岩岩墙。

第二节 地层特征

沁水盆地于华北地台基础上形成和演化,地层保存较全,自下而上依次为前寒武系、下古生界、上古生界、中生界、新生界(山西省煤炭管理局,1960;山西省地质矿产局,1989;刘焕杰等,1998;邵龙义等,2006)。

1. 前寒武系

本区前寒武系包括太古宇和元古宇,是华北地台沉积盖层的古老基底,厚度巨大,岩性主要为变质岩、碳酸盐岩等,分布于霍山、中条山东端、太行山南段等地区。

2. 下古生界寒武系和奥陶系

寒武系在本区广泛分布,特别是太行山中南段昔阳、左权以东,以及孟县以北地区,出露完整。霍山东麓也普遍出露。寒武系厚度大于200m。下寒武统馒头组以紫色、灰绿色页岩为主,中寒武统张夏组以鲕粒灰岩为主,上寒武统炒米店组以灰色薄层竹叶状、板状灰岩为主。

奥陶系在本区分布广泛,北起孟县经阳泉、昔阳、和顺、左权、襄垣、潞城、陵川、晋城、阳城以东及以南广大地区内均有分布。奥陶系仅发育下奥陶统和中奥陶统下部层位,自下而上有下奥陶统冶里组、亮甲山组,中奥陶统马家沟组,地层厚度大于400m,主要岩性为灰岩和白云岩。

3. 上古生界石炭系和二叠系

石炭系和二叠系自下而上包括上石炭统本溪组,上石炭统—下二叠统太原组,下二叠统山西组、下石盒子组和上二叠统上石盒子组、石千峰组(邵龙义等,2006)。

(1)本溪组厚度为0～50m,零星出露于盆地边缘地区,呈条带状分布,大致为北北东走向,在盆地南北两端走向略有变化,呈近东西走向。各地厚度变化较大,总体趋势为北厚南薄。岩性主要为砂岩、泥岩、透镜状灰岩,偶夹薄煤层,与下伏奥陶系呈平行不整合接触。

(2)太原组连续沉积于本溪组之上,地层厚度为90～120m,亦多分布于盆地边缘,其分布地区大体与本溪组相同,但分布面积较本溪组更为广泛。主要岩性为砂岩、泥岩、灰岩和煤层,是晚古生代的主要含煤地层段之一。

(3)山西组厚20～86m,各地厚度变化较大,总体趋势为北厚南薄。岩性主要为砂岩、砂质泥岩和煤层,颜色偏暗,是主要含煤地层段之一。山西组出露范围大体与本溪组和太原组相近,但较后两者更为广泛。

(4)下石盒子组直接沉积于山西组之上,以黄绿色、灰绿色、杏黄色砂岩和泥岩为主,顶部为紫色砂岩、泥岩,全组厚60～160m。上石盒子组是一套以河流相为主,夹少量湖泊相的杂色砂岩、泥岩、硅质岩,厚300～644m。上、下石盒子组露头以煤田东北部和南部及西部霍山东麓出露较好,而煤田中部则无分布。

(5)石千峰组是二叠系顶部地层,主要岩性为紫红色、砖红色泥岩,夹黄绿色、紫红色砂岩及陆相泥灰岩、泥质灰岩,厚度为22～217m。地层分布广泛,其分布地区以沁水河及其支流两岸为主,北部寿阳以南、和顺以西也有大面积分布,其次在武乡、沁县东部、屯长大部及高原西部等地也广泛分布。

4. 中生界三叠系和侏罗系

三叠系自下而上包括下三叠统刘家沟组、和尚沟组，中三叠统二马营组、铜川组和上三叠统延长组，由一套陆相碎屑砂岩、泥岩组成。三叠系露头主要见于本区东部。

侏罗系主要岩性为黄绿色、紫红色砂岩和砂质泥岩，在区内仅零星出露。

5. 新生界新近系和第四系

沁水盆地新生界主要包括新近纪红土和第四纪黄土，以及现代河床沉积。这些沉积在沁水盆地内广泛分布，尤以南部长治及中部榆社与北部汾河河谷一带分布最多。

第三节 煤层特征

沁水盆地的煤系地层主要为上石炭统—下二叠统太原组和下二叠统山西组，总厚度150~200m（山西省煤炭管理局，1960）。本区可采煤层多达10层以上，煤层总厚度1~24m（刘飞，2007），其中，太原组15号煤和山西组3号煤在全区广泛分布，煤层厚度大，横向分布稳定，是本区的主采煤层。

1. 太原组

太原组由灰色中细粒砂岩、灰黑色粉砂岩、泥岩、灰岩和煤层组成（图2-2），地层厚度为50~135m，全区厚度分布东厚西薄（刘焕杰等，1998）、北厚南薄（刘飞，2007）。太原组含煤4~14层，由下至上为16号、15号、13号、12号、11号、10号、9号、8号、7号及6号煤，其中15号煤厚度大、横向分布稳定，是区内的主采煤层之一（刘飞，2007）。

前人对煤层的空间展布规律进行了研究和总结，但得出的结论不尽相同。例如，蒲伟（2012）基于煤层厚度等值线分布特征认为：①沁水盆地中部15号煤呈近东西向分布，向盆地南北两端厚度逐渐增大，表现为盆地南北两端厚中间薄、盆地两翼比盆地轴部稍厚的特点；②盆地内15号煤最厚处位于北部阳泉—昔阳一带，厚度从5m向9m渐变，在昔阳与阳泉中部厚度达最大值9m；③盆地内15号煤次最厚处位于盆地西侧的灵石、介休、孝义和阳泉曲一带，煤层厚度从2m向7m渐变，在灵石西北部和阳泉曲东部厚度达最大值7m。邵龙义等（2006）基于露头及钻井剖面的岩石学和沉积相特征认为：①太原组富煤地带多与砂岩富集带相吻合，位于北部下三角洲平原和南部障壁沙坝地区；②在太原组沉积期，沁水盆地北部发育下三角洲平原相，煤层相对较厚，中部和南部为潟湖相，煤层相对较薄，此外，南部晋城一带为障壁沙坝相分布区，其煤层亦较厚。太原组的这种聚煤规律主要受沉积环境控制，在太原组沉积期，北部的水体相对较浅，有利于泥炭沼泽持续发育，从而形成较厚煤层，而南部潟湖相带及滨外陆棚相带水体相对较深，不利于泥炭沼泽的持续发育，所以煤层厚度相对较小；东南部由于局部发育的障壁沙坝使水体变浅，则发育有利于聚煤作用发生的泥炭沼泽（邵龙义等，2006；Shao et al.，2015）。

2. 山西组

山西组主要由中细粒砂岩、砂质泥岩、泥岩和煤层组成（图2-2），地层厚度为20~86m，全区变化规律明显，厚度分布为东厚西薄、北厚南薄（刘焕杰等，1998）。山西组含煤2~7层，由下至上为5号、4号、3号、2号及1号煤，其中3号煤在盆地内稳定发育，是区内的主采煤层之一（刘飞，2007）。

蒲伟（2012）基于煤层厚度等值线分布特征，得出结论认为：①沁水盆地3号煤厚度表现为盆地南北两端厚中间薄、盆地两翼比盆地轴部稍厚和东南部长子一带最厚的平面分布特征；②盆地中部郭道—沁县—武乡以北至文水—祁县—榆次—昔阳一带，3号煤的厚度均为1m左右；③盆地以北地区煤层厚度变化较大，局部地区达4m；④盆地西翼霍西煤田一带，厚度在1~2m之间，煤层厚度分布与向斜盆地长轴的延展方向一致；⑤沁水盆地东南部煤层较厚，煤层厚度从2m向6m渐变。

邵龙义等(2006)则认为山西组厚煤带主要位于南部的三角洲分流间湾地区;在山西组沉积期,北部以下三角洲平原分流河道相沉积为主,中部和南部以分流间湾相沉积为主,东南部则以河口沙坝相沉积为主,厚煤带都位于中部和南部三角洲分流间湾地区。山西组的此种聚煤规律也主要受沉积环境控制,在山西组沉积期,南部三角洲平原分流间湾区水体深度适中,适于泥炭沼泽持续发育,因此能够聚集厚度较大的煤层;北部分流河道发育的地区,或由于分流河道的动荡,或由于水体深度不适合于泥炭沼泽持续发育,所形成的煤层相对较薄,造成沁水盆地山西组煤层厚度分布呈现出北薄南厚的特征(邵龙义等,2006;Shao et al.,2015)。

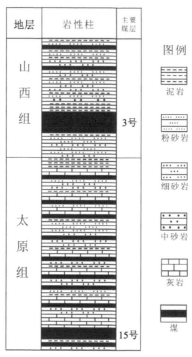

图 2-2 沁水盆地石炭纪—二叠纪含煤地层柱状图(修改自 Li et al.,2017)

第四节 岩浆活动

山西省南部岩浆岩地表露头主要见于襄汾—翼城—浮山之间的塔儿山—二峰山一带,在其他地区,如霍山西部、临汾西佐、侯马紫金山等地,岩浆岩则沿一些较深的断裂断续分布(刘焕杰等,1998)。岩浆岩种类多样,主要见有花岗岩类、脉岩类、超基性岩类和基性岩类,岩体出露规模一般不大,产状有岩枝、岩墙、岩脉等(刘焕杰等,1998)。

在沁水盆地边缘部分,有少量岩浆岩分布。盆地西部霍山南北两端及垣曲盆地以北,霍山南北端多为伟晶花岗岩,次为正长斑岩及大块角闪花岗岩。垣曲为安山岩及粗面安山岩。盆地东部边缘北段昔阳间见有玄武岩喷出。在平顺、陵川一线以东见有闪长岩侵入(山西省煤炭管理局,1960)。喷出岩流常覆盖于中奥陶世灰岩之上。喷出岩覆盖最新地层为山西组,但其绝大部分为黄土所覆盖(山西省煤炭管理局,1960)。在太行山南段,平顺虹梯关、壶关石河沐、陵川浙水洪石窑一带,见有侵入体分布,侵入于寒武纪—奥陶纪灰岩内。其岩性主要是中性或偏酸性闪长岩,呈岩基状产出,岩石为深灰色中粒花岗结构(山西省煤炭管理局,1960)。

沁水盆地岩浆活动主要集中于太古宙—元古宙和中生代两个地质阶段(刘焕杰等,1998)。太古宙—元古宙岩浆岩赋存于前寒武系中，其岩体小，多以脉状产出，岩性以超基性岩、基性岩和酸性岩为主，主要分布于霍山地区。中生代（特别是燕山期）是华北地区岩浆活动的鼎盛时期，在山西南部也有清楚显示。岩浆岩体多呈北东东向断续分布，其展布方向和形式受隐伏的基底断裂带控制，各侵入体在地表以近等轴状形态出露，多沿短轴背斜的轴部侵入，其围岩主要是奥陶系、石炭系—二叠系和三叠系（刘焕杰等，1998）。

区内最大的出露岩体（塔儿山-二峰山）呈枝状产出，分布面积大于 $100km^2$，与它呈侵入接触的最新地层是三叠系二马营组。该岩体对附近石炭纪—二叠纪煤层的煤化作用具有一定影响，从而造成侵入体附近煤层呈环带状分布（刘焕杰等，1998）。

此外，区内存在隐伏岩浆岩岩体的可能性也值得注意。根据已有资料和区内岩浆活动规律分析，翼城、安泽、阳城、晋城范围内可能存在较大规模的燕山期隐伏岩浆岩侵入体，侵位较深；隐伏岩体的存在，对于晚古生代煤层的煤化作用有深刻影响（刘焕杰等，1998）。

第三章 煤岩特征及煤化学组成

本章总结了煤的宏观煤岩特征和显微煤岩特征。此外,基于煤的工业分析结果,总结了不同采样点位置煤中水分含量、灰分产率、挥发分产率等化学组成及其垂向分布特征。

第一节 煤岩特征

煤岩特征包括宏观煤岩特征和显微煤岩特征。宏观煤岩特征主要是对煤岩手标本样品进行描述和拍照;显微煤岩特征主要是制作粉煤光片后在偏光显微镜下利用反射光观察、描述、统计显微煤岩组分。

一、宏观煤岩特征

沁水盆地山西组3号煤的宏观煤岩类型主要为半亮煤和半暗煤,光亮煤和暗淡煤次之。下面以沁水盆地高河煤矿所取得的煤样为例,详细介绍沁水盆地山西组3号煤的宏观煤岩特征。

G8-1:黑色,条带状结构,层状构造。肉眼可见1条厚约3mm且连续展布的镜煤条带及多条厚度小于1mm的镜煤条带(图3-1A),镜煤条带呈玻璃光泽,可见贝壳状断口。厚度为3mm的镜煤条带发育1组垂直层面的内生裂隙,密度约为6条/cm,间距介于0~3mm之间,多数在1.5mm左右(图3-1B)。此外还可观察到部分外生裂隙,大致垂直于层面发育。宏观煤岩类型为半亮煤。

G8-2:黑色,条带状结构,层状构造。肉眼可见1条厚约5mm的镜煤条带以及多条厚度小于1mm的镜煤条带(图3-1C)。镜煤条带呈玻璃光泽,可见贝壳状断口。发育1组垂直层面的内生裂隙,裂隙中可见方解石充填,密度约为5条/cm,间距介于0~10mm之间,多数在2mm左右。此外在镜煤条带下方约3cm处可见1条不连续泥质条带,厚度约为1cm。宏观煤岩类型为半亮煤。

G8-3:黑色,条带状结构,层状构造。可见1条厚约2mm且不连续的镜煤条带及多条小于1mm且不连续的镜煤条带(图3-1D),镜煤条带呈玻璃光泽,此外可见多条不连续泥质条带(图3-1E)。还可观察到部分外生裂隙,大致垂直于层面发育。宏观煤岩类型为半亮煤。

G8-4:黑色,条带状结构,层状构造。可见多条厚度小于1mm且不连续展布的线理状镜煤条带与亮煤相间发育(图3-1F)。亮煤发育参差状断口(图3-1G),此外还可观察到部分外生裂隙,大致垂直于层面发育。宏观煤岩类型为半亮煤。

G8-5:黑色,条带状结构,层状构造。发育多条镜煤条带,厚度从1mm至5mm不等且不连续展布(图3-1H)。镜煤条带呈玻璃光泽,可见贝壳状断口,此外发育多条不连续泥质条带,厚度从1mm至6mm不等。宏观煤岩类型为半亮煤。

G8-6:黑色,条带状结构,层状构造。肉眼可见两条厚度分别为4mm和5mm且连续展布的镜煤条带(图3-1I)。镜煤条带呈玻璃光泽,可见贝壳状断口,可见2组相互斜交的内生裂隙,并可见方解石充填(图3-2A)。此外还发育多条厚度小于1mm且不连续展布的泥质条带。宏观煤岩类型为半亮煤。

图3-1 宏观煤岩图像(一)

A、B.样品G8-1;C.样品G8-2;D、E.样品G8-3;F、G.样品G8-4;H.样品G8-5;I.样品G8-6

G8-7:黑色,条带状结构,层状构造。可见1条厚度约2mm和多条厚度小于1mm的镜煤条带(图3-2B)。镜煤条带呈玻璃光泽,可见贝壳状断口,肉眼难以观测到内生裂隙发育特征。宏观煤岩类型为半亮煤。

G8-8:黑色,条带状结构,层状构造。发育1条厚度约为3mm的镜煤条带,镜煤条带呈玻璃光泽(图3-2C),可见2条不连续泥质条带。宏观煤岩类型为半亮煤。

G8-9:黑色,条带状结构,层状构造。发育1条厚度约为2cm且连续展布的镜煤条带(图3-2D)。镜煤条带呈玻璃光泽,可见贝壳状断口,发育有大致垂直于层面方向的内生裂隙,裂隙中可见方解石充填,部分相互连通,密度约为19条/8cm,间距介于0~13mm之间,多数集中在4mm左右。裂隙可穿透镜煤条带,两端延伸到亮煤分层中,延伸高度较小。宏观煤岩类型为半亮煤。

G8-10-P:夹矸,黑色泥岩,泥质结构,块状构造,致密坚硬(图3-2E)。

G8-11:黑色,条带状结构,层状构造。发育参差状断口(图3-2F)。宏观煤岩类型为半亮煤。

G8-12:黑色,条带状结构,层状构造。肉眼可见1条厚度为5mm的镜煤条带和2条厚度小于1mm的镜煤条带(图3-2G)。镜煤条带呈玻璃光泽,可见贝壳状断口。内生裂隙发育,密度约为7条/cm,间距介于0～2mm之间,多集中在1.4mm左右,此外还可见多条厚度小于1mm的泥质条带。宏观煤岩类型为半亮煤。

G8-13-R:顶板,细砂岩,深灰色,细粒砂状结构,层理状构造(图3-2H),发育水平层理,质地坚硬,磨圆较好,分选性良好。

G8-14-F:底板,细砂岩,深灰色,细砂状结构,块状构造(图3-2I),磨圆较好,分选性良好,质地坚硬,可见石英、长石等矿物,胶结类型为孔隙式胶结。

图3-2 宏观煤岩图像(二)

A. 样品G8-6;B. 样品G8-7;C. 样品G8-8;D. 样品样品G8-9;E. 样品G8-10-P;F. 样品G8-11;G. 样品G8-12;H. 样品G8-13-R;I. 样品G8-14-F

其他采样点代表性样品的宏观煤岩描述见表3-1。

表3-1 沁水盆地山西组3号煤、夹矸代表性样品的宏观煤岩特征描述

样品编号	采样位置	宏观煤岩类型	描述
S5-1	苏村煤矿	半亮煤	黑色,条带状结构,层状构造。可见多条厚度小于1mm的泥质条带,呈线理状分布且不连续
S5-2		半亮煤	黑色,条带状结构,层状构造。可见1个厚约1.5mm的透镜状泥质团块

续表 3-1

样品编号	采样位置	宏观煤岩类型	描述
S5-3		半亮煤	黑色,条带状结构,层状构造。可见1个厚约2mm的透镜状泥质团块
S5-4		半亮煤	黑色,条带状结构,层状构造。可见少量镜煤条带,呈玻璃光泽,以及少量透镜状泥质团块
S5-5		半亮煤	黑色,条带状结构,层状构造。肉眼可见多条镜煤条带,厚度1～8mm不等。镜煤条带呈玻璃光泽,可见贝壳状断口。此外还可见1条厚度分布范围在4～7mm之间的泥质条带且呈连续展布
S5-6		半亮煤	黑色,条带状结构,层状构造。肉眼可见1条厚度约为1cm且连续展布的镜煤条带。镜煤条带呈玻璃光泽,可见贝壳状断口。内生裂隙发育,并可见方解石充填。此外,还可见1个厚度约3mm的透镜状泥质团块
S5-7		半亮煤	黑色,条带状结构,层状构造。可见多条厚度小于1mm且展布不连续的线理状镜煤条带。镜煤条带呈玻璃光泽。此外,可见多个透镜状泥质团块,厚度1～4mm不等
S5-8		半亮煤	黑色,条带状结构,层状构造。发育多条镜煤条带,厚度0.5mm～3mm不等且不连续。镜煤条带呈玻璃光泽,可见贝壳状断口。镜煤条带中发育1组垂直层面的内生裂隙,密度约为5条/cm,间距介于0～4mm之间,多数在2mm左右。此外还可观察到多条厚度小于1mm的泥质条带,呈线理状分布
S5-9-P	苏村煤矿	夹矸	黑色夹矸,泥质结构,块状构造,质地较坚硬
S5-10		半亮煤	黑色,条带状结构,层状构造。发育参差状断口
S5-11		半亮煤	黑色,条带状结构,层状构造。可见数条厚度2～5mm不等的镜煤条带,且这些镜煤条带上下连接在一起,呈不连续展布。镜煤条带呈玻璃光泽,可见贝壳状断口
S5-12		半亮煤	黑色,条带状结构,层状构造。可见1条厚度约为2mm的透镜状泥质团块。此外还可见多条厚度小于1mm且展布不连续的线理状泥质条带
S5-13		半亮煤	黑色,条带状结构,层状构造。可见3条厚度约为2.5mm且不连续展布的镜煤条带。镜煤条带呈玻璃光泽,可见贝壳状断口,发育1组垂直层面的内生裂隙,密度约为6条/cm,间距介于0～5mm之间,多数在1.5mm左右。此外还可观测到2条厚度分别为1.5mm和2.5mm的泥质条带以及多条厚度小于1mm的泥质条带呈线理状分布
S5-14-P		夹矸	黑色夹矸,泥质结构,块状构造,质地较坚硬
S5-15		半亮煤	黑色,条带状结构,层状构造。可见2条厚度约为3mm且连续展布的泥质条带斜交,以及1个厚度约为4mm的透镜状泥质团块。此外还可观测到多条厚度小于1mm的泥质条带呈线理状展布
S5-16		半亮煤	黑色,条带状结构,层状构造。可见2条厚度分别为2mm和1.5mm且连续展布的镜煤条带,以及多条厚度小于1mm的镜煤条带。镜煤条带呈玻璃光泽。此外在煤样边缘处可见1个透镜状泥质团块,厚度约为3mm

续表 3-1

样品编号	采样位置	宏观煤岩类型	描述
X-1	寺河煤矿西井区	半亮煤	黑色,条带状结构,层状构造,硬度中等。可见 1 条厚约 4mm 和 2 条厚约 2mm 且不连续展布的镜煤条带和 3 条厚 1~2mm 且不连续展布的镜煤条带。镜煤条带呈玻璃光泽,可见贝壳状断口
X-2		半亮煤	黑色,条带状结构,层状构造,硬度中等。可见 3 条厚约 3mm 的连续镜煤条带和多条厚 1~2mm 且不连续展布的镜煤条带。镜煤条带呈玻璃光泽,可见贝壳状断口
X-3		半亮煤	黑色,条带状结构,层状构造,硬度中等。可见 1 条厚约 7mm 且不连续展布的镜煤条带,位于层面之上还有 2 条厚约 1mm 且不连续展布的镜煤条带。镜煤条带呈玻璃光泽,可见贝壳状断口
X-4		半暗煤	黑色,条带状结构,层状构造,硬度小。内生裂隙不发育,由厚约 1cm 且较暗淡的条带和较光亮的条带互层组成,断口参差不齐
X-5		半亮煤	黑色,条带状结构,层状构造,硬度中等。可见 1 条厚 1cm 的镜煤条带和多条厚 5mm 且不连续展布的镜煤条带,镜煤条带呈玻璃光泽,可见贝壳状断口
D-1	寺河煤矿东井区	半亮煤	黑色,条带状结构,层状构造。内生裂隙较发育,具阶梯状断口
D-2		半亮煤	黑色,条带状结构,层状构造。可见 4 条厚约 3mm 且不连续展布的镜煤条带和多条厚 1~2mm 且不连续展布的镜煤条带。镜煤条带呈玻璃光泽,可见贝壳状断口
D-3		半亮煤	黑色,条带状结构,层状构造。可见 1 条厚约 6mm 的镜煤条带和 1 条厚约 3mm 且不连续展布的镜煤条带及多条厚约 1mm 的镜煤条带,镜煤条带呈玻璃光泽
D-4		半亮煤	黑色,条带状结构,层状构造。内生裂隙较发育,具阶梯状断口。可见 1 条厚约 8mm 且不连续展布的镜煤条带及多条约 2mm 且不连续展布的镜煤条带,镜煤条带呈玻璃光泽,具贝壳状断口
D-5		半亮煤	黑色,条带状结构,层状构造。内生裂隙较发育,具阶梯状断口
M-1	赵庄煤矿	半亮煤	黑色,条带状结构,层状构造。可见多条厚 1~2mm 且不连续展布的镜煤条带,镜煤条带呈玻璃光泽,可见贝壳状断口
M-2		半亮煤	黑色,条带状结构,层状构造。可见 5 条厚约 2mm 且连续展布的镜煤条带,一端逐渐合并为 1 条厚约 10mm 的镜煤条带,还有 3 条厚约 2mm 且不连续展布的镜煤条带。镜煤条带呈玻璃光泽,具阶梯状断口
M-3		半亮煤	黑色,条带状结构,层状构造。可见 2 条厚约 3mm 且不连续展布的镜煤条带,一端逐渐变细消失,还可见表面呈棱角状、条带不明显的镜煤,镜煤条带呈玻璃光泽,具棱角状断口
M-4		半亮煤	黑色,条带状结构,层状构造。具棱角状断口。镜煤表面呈棱角状,条带不明显,镜煤条带呈玻璃光泽,可见贝壳状断口
M-5		半亮煤	黑色,条带状结构,层状构造。具阶梯状断口。可见 2 条厚约 2mm 且不连续展布的镜煤条带及 1 条厚约 4mm 且不连续展布的镜煤条带,镜煤条带呈玻璃光泽,可见贝壳状断口

二、显微煤岩特征

显微镜下的定量观察统计结果表明,沁水盆地山西组3号煤的显微组分以镜质组为主,其含量为65.4%~97.4%,平均值为83.3%;惰质组次之,其含量为0~18.2%,平均值为6.0%。在偏光显微镜下壳质组发现较少,其含量一般小于1%。在偏光显微镜下还发现了少量矿物,矿物含量为1.3%~30.5%,平均值为10.6%(表3-2)。

表3-2 沁水盆地山西组3号煤显微组分统计结果 （单位:%）

样品编号	组分													
	镜质组						惰质组					壳质组	矿物		
	结构镜质体	均质镜质体	团块镜质体	基质镜质体	碎屑镜质体	总量	丝质体	半丝质体	碎屑惰质体	菌类体	总量		黏土矿物	黄铁矿	总量
G8-1	1.4	38.1	/	39.9	2.6	82.0	0.8	8.5	/	/	9.3	/	7.3	1.4	8.7
G8-2	/	42.9	/	47.6	1.4	91.9	1.0	3.2	0.4	/	4.6	/	3.2	0.4	3.6
G8-3	/	22.3	0.6	41.5	1.0	65.4	1.0	2.5	/	0.6	4.1	/	26.6	3.9	30.5
G8-4	/	8.8	/	55.7	15.0	79.5	0.2	8.0	/	/	8.1	/	9.7	2.7	12.4
G8-5	/	23.8	/	40.9	13.7	78.3	1.1	5.1	/	1.5	7.8	/	13.3	0.6	13.9
G8-6	1.2	28.8	0.6	40.6	7.6	78.8	0.6	6.0	2.6	/	9.2	/	9.4	2.6	12.0
G8-7	/	39.2	/	40.9	7.3	87.5	1.0	4.2	0.3	/	5.2	/	7.1	0.2	7.3
G8-8	3.9	21.0	/	40.4	9.2	74.5	/	11.8	/	0.6	12.5	/	13.1	/	13.1
G8-9	/	59.0	/	7.8	8.0	74.8	/	11.1	/	/	11.1	/	10.2	3.9	14.1
G8-11	/	2.8	/	30.7	61.2	94.7	/	1.2	/	/	1.2	/	3.4	0.8	4.2
G8-12	/	6.7	/	64.8	18.7	90.2	/	1.1	/	/	1.1	/	7.4	1.3	8.7
S5-1	/	/	/	16.0	77.2	93.3	/	4.6	/	/	4.6	/	1.8	0.4	2.2
S5-2	0.2	1.7	/	15.6	79.9	97.4	0.4	0.9	/	/	1.3	/	1.1	0.2	1.3
S5-3	/	24.5	/	45.8	23.4	93.6	0.2	3.2	/	/	3.4	/	2.6	0.4	3.0
S5-4	/	47.3	/	28.8	2.2	78.8	0.4	13.3	/	/	13.7	/	4.0	4.0	8.0
S5-5	/	63.4	/	4.2	7.9	75.5	0.8	17.4	/	/	18.2	/	3.8	2.6	6.3
S5-6	0.2	38.3	0.4	41.5	3.4	83.8	1.2	4.2	1.4	/	6.8	/	8.8	0.6	9.4
S5-7	0.4	22.6	0.6	48.6	6.2	78.4	0.8	6.6	2.8	/	10.2	/	10.8	0.6	11.4

续表 3-2

样品编号	组分														
	镜质组						惰质组					壳质组	矿物		
	结构镜质体	均质镜质体	团块镜质体	基质镜质体	碎屑镜质体	总量	丝质体	半丝质体	碎屑惰质体	菌类体	总量		黏土矿物	黄铁矿	总量
S5-8	0.6	55.5	/	22.9	1.8	80.8	0.6	1.4	0.4	/	2.4	/	16.4	0.4	16.8
S5-10	0.6	8.3	/	48.9	23.7	81.5	/	/	/	/	0.0	/	18.6	/	18.6
S5-11	/	7.6	/	43.2	32.6	83.3	/	2.8	/	/	2.8	/	11.1	2.8	13.9
S5-12	0.4	38.1	/	35.5	3.4	77.2	1.7	0.9	/	/	2.6	/	20.2	/	20.2
S5-13	11.5	28.8	/	43.9	/	84.2	/	/	/	/	0.0	/	15.8	/	15.8
S5-15	5.1	55.7	0.6	9.6	0.6	71.6	0.2	3.5	0.8	/	4.5	/	20.4	3.5	23.9
S5-16	2.2	44.9	0.4	22.7	5.6	75.8	0.8	5.2	2.4	/	8.4	/	15.4	0.4	15.8
X-1	2.8	34.4	/	42.6	1.2	81.0	2.6	4.0	2.0	/	8.6	0.2	7.2	3.0	10.2
X-2	5.0	47.6	/	30.4	7.2	90.2	1.8	2.1	1.1	/	5.0	/	4.0	0.8	4.8
X-3	4.4	35.8	/	43.0	3.4	86.6	0.8	1.8	0.4	/	3.0	/	8.6	1.8	10.4
X-4	0.8	37.4	/	38.4	8.6	85.2	2.2	3.6	1.0	/	6.8	/	7.8	0.2	8.0
X-5	3.4	32.6	/	38.2	7.4	81.6	3.2	3.5	1.5	/	8.2	/	7.6	2.6	10.2
D-1	8.6	46.2	/	20.8	4.2	79.8	3.2	3.2	3.0	/	9.4	0.6	8.1	2.1	10.2
D-2	1.4	40.2	/	41.6	2.8	86.0	3.6	3.8	/	/	7.4	/	4.0	1.6	5.6
D-3	1.8	40.8	/	38.6	8.2	89.4	1.4	1.7	1.5	/	4.6	/	3.8	2.2	6.0
D-4	6.2	48.6	/	34.4	3.4	92.6	0.4	1.0	/	/	1.4	/	4.2	1.8	6.0
D-5	2.4	42.8	/	35.2	2.6	83.0	4.2	3.1	0.1	/	7.4	/	6.4	3.2	9.6
M-1	0.6	59.4	/	26.6	0.2	86.8	0.4	3.0	/	/	3.4	/	8.2	1.6	9.8
M-2	5.8	34.6	/	39.4	8.8	88.6	0.6	3.6	2.0	/	6.2	/	2.4	2.8	5.2
M-3	2.6	35.4	/	43.4	2.6	84.0	2.6	2.5	1.7	/	6.8	0.3	8.1	0.8	8.9
M-4	/	37.8	/	41.8	5.4	85.0	/	2.1	2.7	/	4.8	/	7.4	2.8	10.2
M-5	1.4	28.6	/	41.6	9.8	81.4	0.2	1.2	2.2	/	3.6	/	11.8	3.2	15.0
平均值	2.9	34.2	0.5	35.9	12.5	83.3	1.3	4.4	1.5	—	6.0	—	9.0	1.8	10.6

注：/表示偏光显微镜下未发现；—表示未计算。

1. **镜质组**

研究区煤中镜质组主要包括基质镜质体(平均值为35.9%)、均质镜质体(平均值为34.2%)、碎屑镜质体(平均值为12.5%)。此外,还含有一定量的结构镜质体(平均值为2.9%)和少量团块镜质体(其含量一般小于1%)。

基质镜质体是其他显微组分和同生矿物的凝胶化基质,常胶结石英、黏土矿物、黄铁矿及碎屑惰质体等,一般不显示细胞结构,在部分煤层中基质镜质体黏土化程度较高(图3-3)。沁水盆地山西组3号煤中基质镜质体含量变化范围为4.2%~64.8%,平均值为35.9%(表3-2)。

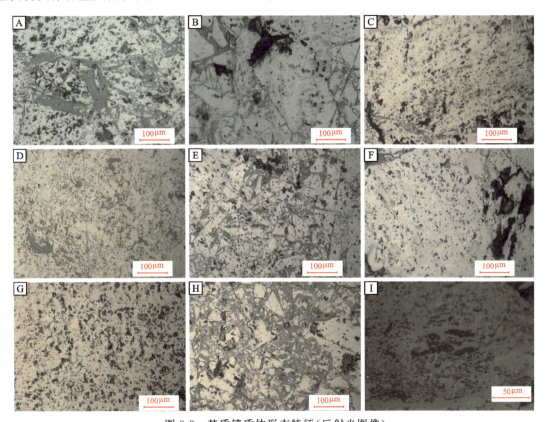

图3-3 基质镜质体形态特征(反射光图像)

A.样品G8-4;B.样品G8-5;C.样品G8-8;D.样品G8-11;E、F.样品G8-12;G.样品S5-7;H.样品S5-11;
I.样品M-1,为油浸反射光图像

均质镜质体因细胞壁强烈膨胀分解,细胞结构完全消失,显示均一结构,表面均匀,多呈条带状,轮廓清楚,常见垂直裂纹(图3-4)。沁水盆地山西组3号煤中均质镜质体含量在0~63.4%之间,平均值为34.2%。

碎屑镜质体由难以确认其母质的、具棱角和无一定形态的镜质体碎屑组成,源自早期被分解的植物细碎片和腐植泥炭的碎颗粒,呈不规则状产出(图3-5)。研究区煤中碎屑镜质体含量在0~79.9%之间,平均值为12.5%。

结构镜质体是可以看出植物木质部等细胞结构的镜质组组分,显示细胞结构(图3-6)。研究区煤中结构镜质体含量较低,含量介于0~11.5%之间,平均值为2.9%。

团块镜质体呈团块状,大多为圆形、卵形、椭圆形、纺锤形或多少带一点棱角状的轮廓清晰的均匀块体。研究区煤中团块镜质较少,仅在少部分样品中出现,其含量一般小于1%。

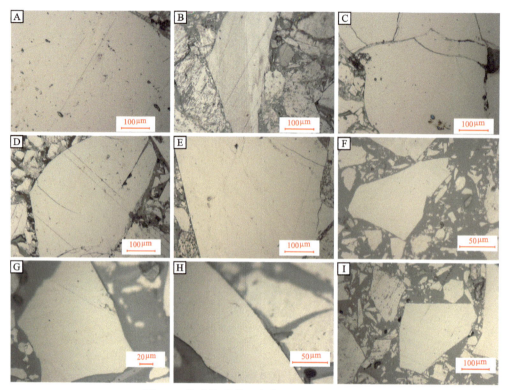

图 3-4　均质镜质体形态特征(反射光图像)

A.样品 G8-7;B.样品 G8-11;C.样品 S5-10;D.样品 S5-13;E.样品 S5-16;F.样品 D-2;
G、H.样品 X-1;I.样品 M-1

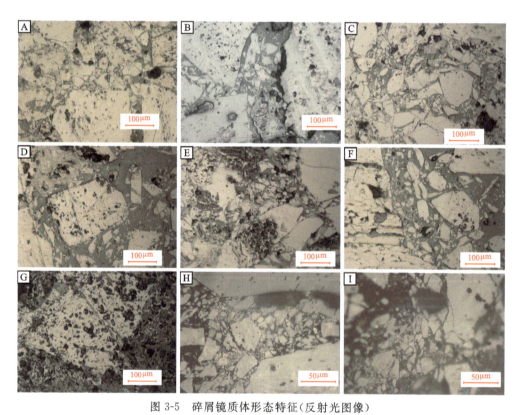

图 3-5　碎屑镜质体形态特征(反射光图像)

A.样品 G8-2;B.样品 G8-5;C.样品 G8-7;D.样品 S5-5;E.样品 S5-8;F.样品 S5-10;G.样品 S5-15;H.样品 X-1;
I.样品 D-2,为油浸反射光图像

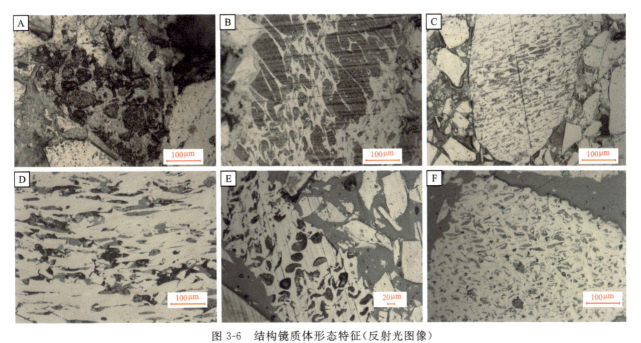

图 3-6　结构镜质体形态特征(反射光图像)
A.样品 S5-7;B.样品 S5-12;C.样品 S5-13;D.样品 D-2;E.样品 M-1;F.样品 M-3

2. 惰质组

研究区内煤中惰质组含量明显低于镜质组,其含量在 0～18.2% 之间变化(平均值为 6.0%),主要为半丝质体(平均值为 4.4%),有少量的碎屑惰质体(平均值为 1.5%)和丝质体(平均值为 1.3%),偶见菌类体。

半丝质体是在丝炭化作用较弱的情况下形成的,细胞壁膨胀作用较为明显,有些呈树皮状产出,在反射光下颜色呈灰白色或浅灰色,大多数细胞壁明显膨胀变形(图 3-7)。研究区煤中半丝质体含量变化范围为 0～17.4%,平均值为 4.4%。

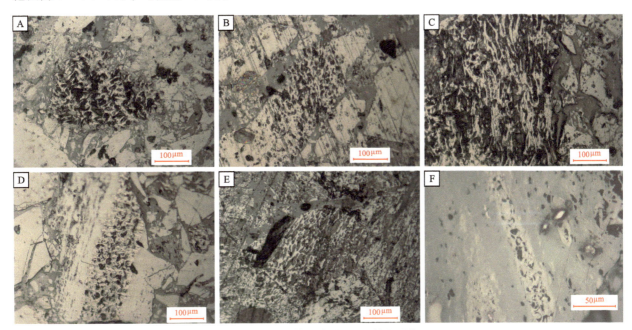

图 3-7　半丝质体形态特征(反射光图像)
A.样品 G8-7;B.样品 S5-6;C.样品 S5-7;D.样品 S5-8;E.样品 S5-15;F.样品 D-2

丝质体在反射光下呈灰白—白色，细胞结构保存较为完好，胞腔内常充填黏土或石英等矿物（图 3-8）。沁水盆地山西组 3 号煤中丝质体的含量变化范围为 0~4.2%，平均值为 1.3%。

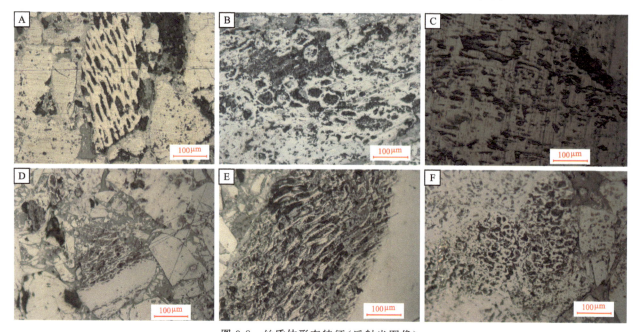

图 3-8　丝质体形态特征（反射光图像）

A. 样品 G8-3；B. 样品 G8-4；C. 样品 G8-6；D. 样品 G8-7；E. 样品 S5-12；F. 样品 S5-8

碎屑惰质体由惰质组的各显微组分碎屑组成（丝质体、半丝质体、粗粒体和真菌体的碎片或者残体），多小于 30μm，在镜下观察其特征为破碎状（图 3-9）。研究区内煤中碎屑惰质体含量的变化范围为 0~3%，平均值为 1.5%。

图 3-9　碎屑惰质体形态特征（反射光图像）

A. 样品 S5-16；B. 样品 X-1；C. 样品 M-1

研究区煤中菌类体少见，仅在高河煤矿采集的样品 G8-3、G8-5、G8-8 中发现，呈椭圆状或圆状。

3. 壳质组

在偏光显微镜下，研究区煤中偶见壳质组，其含量较低，一般小于 1%，多为角质体、木栓体和大孢子体。

4. 矿物

在反射光下发现的煤中矿物主要为黏土矿物和黄铁矿。黄铁矿在反射光下呈亮黄色，主要以细小颗粒或颗粒集合体形式产出，颗粒大小为 5~30μm（图 3-10A—C）。黄铁矿含量为 0.2%~4.0%，平均值为 1.8%。黏土矿物有的呈颗粒状产出（图 3-10D、E），有的与基质镜质体共（伴）生出现（图 3-10F）。黏土矿物含量为 1.1%~26.6%，平均值为 9.0%。

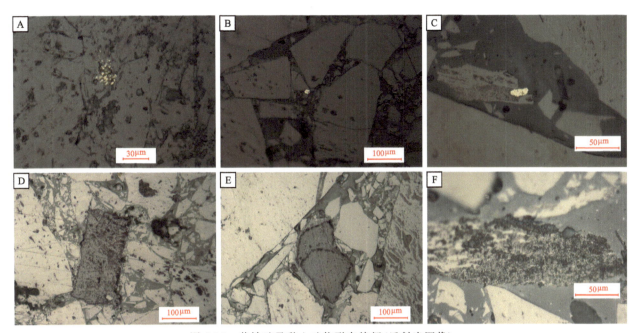

图 3-10 黄铁矿及黏土矿物形态特征(反射光图像)

A—C. 黄铁矿,分别来自于样品 G8-6、S5-8、M-1;D—F. 黏土矿物,分别来自于样品 G8-10、S5-13、M-1

第二节 煤化学组成

通常将煤中水分、灰分、挥发分的测定及固定碳的计算称为煤的工业分析,煤的工业分析结果不仅是了解煤质特性的主要指标,还是评价煤质特征的基本依据。本节煤化学组成研究主要包括煤中水分(M_{ad})含量、灰分产率(A_d)、挥发分产率(V_{daf})3 项内容。

一、水分含量

不同采样点的煤中水分含量见表 3-3。

(1)晋城市陵川县杨村乡平城镇(1 号采样点,P1-1)煤中 M_{ad} 含量为 10.33%。

(2)晋城市下村镇上寺头村王坡煤矿(2 号采样点,X2-1)煤中 M_{ad} 含量为 1.47%。

(3)晋城市阳城县建材陶瓷厂(3 号采样点,J3-1~J3-3)煤中 M_{ad} 含量范围为 9.31%~11.89%,平均值为 10.44%。

(4)长治市长治县西火镇南大掌村(4 号采样点,N4-1)煤中 M_{ad} 含量为 0.35%。

(5)长治市苏村煤矿(5 号采样点,S5-1~S5-8、S5-10~S5-13、S5-15、S5-16)煤中 M_{ad} 含量在 1.33%~2.35%之间变化,平均值为 1.82%,含量较低。

(6)阳泉市郊区规划和自然资源局旁露天采空煤广场(6 号采样点,Y6-1~Y6-4)煤中 M_{ad} 含量变化范围为 0.52%~9.08%,平均值为 5.07%。

(7)晋中市左权县墨镫乡(7 号采样点,M7-1)煤中 M_{ad} 含量为 4.77%。

(8)长治市高河煤矿(8 号采样点,G8-1~G8-9、G8-11、G8-12)煤中 M_{ad} 含量在 0.87%~1.56%之间变化,平均值为 1.27%,含量较低。

表3-3 沁水盆地山西组3号煤工业分析结果

样品编号	采样位置	M_{ad}含量/%	A_d/%	V_{daf}/%
P1-1	晋城市陵川县杨村乡平城镇（1号采样点）	10.33	10.27	22.93
X2-1	晋城市下村镇上寺头村王坡煤矿（2号采样点）	1.47	13.17	11.52
J3-1	晋城市阳城县建材陶瓷厂（3号采样点）	10.13	16.05	35.90
J3-2		9.31	17.91	32.70
J3-3		11.89	19.74	36.12
N4-1	长治市长治县西火镇南大掌村（4号采样点）	0.35	17.26	12.77
S5-1	长治市苏村煤矿（5号采样点）	1.72	5.72	10.92
S5-2		1.38	9.70	9.94
S5-3		1.97	13.81	9.82
S5-4		1.96	6.31	10.17
S5-5		1.66	6.37	10.04
S5-6		2.35	9.47	9.23
S5-7		1.36	9.78	9.46
S5-8		2.15	10.81	10.10
S5-10		1.87	9.29	8.49
S5-11		1.74	23.12	10.17
S5-12		2.21	10.01	10.17
S5-13		2.13	7.32	9.53
S5-15		1.33	28.18	10.09
S5-16		1.58	16.09	9.02
Y6-1	阳泉市郊区规划和自然资源局旁露天采空煤广场（6号采样点）	8.95	14.52	27.99
Y6-2		0.52	15.42	11.51
Y6-3		9.08	18.59	28.71
Y6-4		1.72	18.14	15.27
M7-1	晋中市左权县墨镫乡（7号采样点）	4.77	18.67	27.16

续表 3-3

样品编号	采样位置		M_{ad}含量/%	A_d/%	V_{daf}/%
G8-1	长治市高河煤矿（8号采样点）		1.31	14.10	13.17
G8-2			1.41	9.80	15.17
G8-3			1.13	8.21	13.60
G8-4			1.30	11.31	13.30
G8-5			1.56	6.89	11.29
G8-6			1.40	7.99	14.20
G8-7			1.30	17.65	10.32
G8-8			1.36	11.38	11.57
G8-9			0.87	21.37	13.25
G8-11			1.03	26.14	10.86
G8-12			1.30	7.72	10.02
X-1	晋城市沁水县寺河煤矿（9号采样点）	西井区	2.14	9.53	8.04
X-2			1.92	9.12	7.52
X-3			2.19	8.59	7.85
X-4			1.69	27.70	12.25
X-5			2.28	4.26	7.74
D-1		东井区	2.28	6.56	8.23
D-2			3.21	10.88	8.78
D-3			1.99	7.41	8.37
D-4			2.46	6.57	8.19
D-5			2.53	4.13	8.21
M-1	高平市赵庄煤矿（10号采样点）		1.20	8.81	12.14
M-2			1.29	8.92	10.96
M-3			1.20	12.86	12.31
M-4			1.25	10.00	13.42
M-5			1.03	7.34	10.63

（9）晋城市沁水县寺河煤矿（9号采样点，西井区 X-1～X-5，东井区 D-1～D-5）煤中 M_{ad} 含量为 1.69%～3.21%，平均值为2.27%，含量较低；其中，西井区煤中 M_{ad} 含量平均值为2.04%，东井区煤中

M_{ad}含量平均值为2.49%。

(10)高平市赵庄煤矿(10号采样点,M-1~M-5)煤中M_{ad}含量为1.03%~1.29%,平均值为1.19%,含量较低,且变化范围较小。

综上可以看出,部分露头区所采煤样的水分含量较高,例如,1号采样点的煤样P1-1和3号采样点的煤样J3-1~J3-3,其M_{ad}含量均高于9%;6号采样点的煤样Y6-1~Y6-4,其M_{ad}含量平均值为5.07%。这在很大程度上是因为野外风化致使煤孔隙度、比表面积增大,吸附水的能力增强。

5号采样点、8号采样点、9号采样点和10号采样点为井下采样点,4个采样点的煤中M_{ad}含量为0.87%~3.21%,平均值为1.72%。这4个井下采样点所采样品新鲜,未遭受风化,因此更具代表性。内在水分含量的高低与煤的煤化程度有关,焦煤、瘦煤水分含量最低,褐煤水分含量最高。总体来看,研究区的煤中M_{ad}含量较低,与沁水盆地山西组3号煤变质程度较高的特征吻合。

在苏村煤矿(5号采样点)和高河煤矿(8号采样点)由上至下分别采取了14块和11块煤样,因此,选取这两个位置所取煤样进行M_{ad}含量垂向分布特征分析(图3-11、图3-12)。

苏村煤矿煤中M_{ad}含量在垂向上的变化如图3-11所示:整体上,M_{ad}含量在垂向上变化幅度较小,M_{ad}含量最小值出现在接近底板的煤层S5-15中(M_{ad}含量为1.33%),最大值出现在中上部煤层S5-6中(M_{ad}含量为2.35%)。

高河煤矿煤中M_{ad}含量的垂向分布特征如图3-12所示:整体呈先递增而后递减的趋势,水分含量最小值出现在接近夹矸的煤层G8-9中(M_{ad}含量为0.87%),最大值出现在中上部的煤层G8-5中(M_{ad}含量为1.56%)。

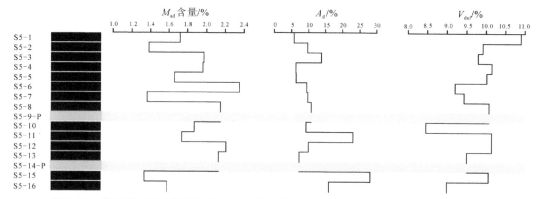

图3-11 苏村煤矿煤系剖面水分(M_{ad})、灰分产率(A_d)及挥发分产率(V_{daf})垂向特征图

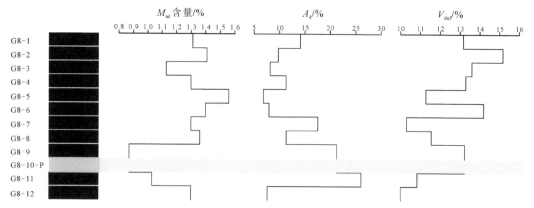

图3-12 高河煤矿煤系剖面水分(M_{ad})含量、灰分产率(A_d)及挥发分产率(V_{daf})垂向特征图

二、灰分产率

依照煤炭质量分级国家标准《煤炭资源评价灰分分级》(GB/T 15224.1—2018),灰分产率≤10.00%属于特低灰煤,在10.01%～20.00%之间属于低灰煤,在20.01%～30.00%之间属于中灰煤,在30.01%～40.00%之间属于中高灰煤,在40.01%～50.00%之间属于高灰煤。

晋城市陵川县杨村乡平城镇(1号采样点,P1-1)煤灰分产率为10.27%,属于低灰煤。晋城市下村镇上寺头村王坡煤矿(2号采样点,X2-1)煤灰分产率为13.17%,属于低灰煤。晋城市阳城县建材陶瓷厂(3号采样点,J3-1～J3-3)煤灰分产率变化范围为16.05%～19.74%,平均值为17.9%,属于低灰煤。长治市长治县西火镇南大掌村(4号采样点,N4-1)煤灰分产率为17.26%,属于低灰煤。长治市苏村煤矿(5号采样点,S5-1～S5-8、S5-10～S5-13、S5-15、S5-16)共选取14个煤样,煤的灰分产率在5.72%～28.18%之间变化,平均值为11.86%,以特低灰煤为主,属于低灰煤。阳泉市郊区规划和自然资源局旁露天采空煤广场(6号采样点,Y6-1～Y6-4)共选取4个煤样,灰分产率在14.52%～18.59%之间,平均值为16.67%,属于低灰煤。晋中市左权县墨镫乡(7号采样点,M7-1)煤灰分产率为18.67%,属于低灰煤。长治市高河煤矿(8号采样点,G8-1～G8-9、G8-11、G8-12)共选取11个煤样,灰分产率介于6.89%～26.14%之间,平均值为12.96%,属于低灰煤。晋城市沁水县寺河煤矿(9号采样点,西井区X-1～X-5,东井区D-1～D-5)共选取10个煤样,西井区煤的灰分产率为4.26%～27.7%,平均值为11.84%,属于低灰煤;东井区煤的灰分产率为4.13%～10.88%,平均值为7.11%,属于特低灰煤。寺河煤矿区整体灰分产率在4.13%～27.7%之间,以特低灰煤为主,平均值为9.48%,属于特低灰煤。高平市赵庄煤矿(10号采样点,M-1～M-5)共选取5个煤样,灰分产率在7.34%～12.86%之间变化,以特低灰煤为主,平均值为9.59%,属于特低灰煤。

总体来看,研究区煤中灰分产率(A_d)介于4.13%～28.18%之间,平均值为12.37%。整体上,沁水盆地山西组3号煤主要为低灰煤,少量为特低灰煤和中灰煤。

选取苏村煤矿和高河煤矿两个采样点所取煤样进行煤灰分产率垂向特征分析。

苏村煤矿煤的灰分产率(A_d)垂向分布特征如图3-11所示,煤的灰分产率在剖面上由底至顶呈逐渐递减的趋势。在距离夹矸较近的剖面底部煤层S5-15中(A_d为28.18%),A_d最小值出现在接近顶板的煤层样品S5-1中(A_d为5.72%)。

高河煤矿煤灰分产率垂向分布特征如图3-12所示,煤的灰分产率在剖面上由底至顶呈递减趋势,A_d最大值出现在靠近夹矸的煤层G8-11中(A_d为26.14%),A_d最小值出现在中上部煤层G8-5中(A_d为6.89%)。

三、挥发分产率

根据标准《煤的挥发产率分级》(MT/T 849—2000)的规定,挥发分产率<10%、10%～20%、20%～28%、28%～37%、37%～50%分别对应特低挥发分煤、低挥发分煤、中挥发分煤、中高挥发分煤、高挥发分煤。

晋城市陵川县杨村乡平城镇(1号采样点,P1-1)煤挥发分产率为22.93%,属于中挥发分煤。晋城市下村镇上寺头村王坡煤矿(2号采样点,X2-1)煤挥发分产率为11.52%,属于低挥发分煤。晋城市阳城县建材陶瓷厂(3号采样点,J3-1～J3-3)煤挥发分产率为32.7%～36.12%,平均值为34.91%,属于中高挥发分煤。长治市长治县西火镇南大掌村(4号采样点,N4-1)煤挥发分产率为12.77%,属于低挥发分煤。长治市苏村煤矿(5号采样点,S5-1～S5-8、S5-10～S5-13、S5-15、S5-16)共选取14块煤样,煤挥发分产率介于8.49%～10.92%之间，平均值为9.8%，属于特低挥发分煤。阳泉市郊区规划和自然资源局旁露天采空煤广场（6号采样点，Y6-1～Y6-4）共选取4块煤样，挥发分产率范围为11.51%～28.71%，平均值为20.87%，属于中挥发分煤。晋中市左权县墨镫乡（7号采样点，M7-1）煤挥发分产率为27.16%，属于中挥发分煤。长治市高河煤矿（8号采样点，G8-1～G8-9，G8-11，G8-12）共选取11块煤样，挥发分产率介于10.02%～15.17%之间，平均值为12.43%，在垂向上变化较小，属于低挥发分煤。晋城市沁水县寺河煤矿（9号采样点，西井区X-1～X-5，东井区D-1～D-5）共选取10块煤样，西井区煤挥发分产率为7.52%～12.25%，平均值为8.68%；东井区煤挥发分产率为8.19%～8.78%，平均值为8.36%。整体上，寺河煤矿煤中挥发分产率变化范围为7.52%～12.25%，平均值为8.52%，属于特低挥发分煤。高平市赵庄煤矿（10号采样点，M-1～M-5）共选取5块煤样，挥发分产率变化较小，在10.63%～13.42%之间变化，平均值为11.89%，属于低挥发分煤。

综上可以看出，露头区所采煤样的挥发分产率明显较高，例如，1号采样点煤样P1-1的挥发分产率>20%；3号采样点煤样J3-1～J3-3中挥发分产率均>30%；6号采样点煤样Y6-1～Y6-4的煤中挥发分产率平均值>20%；7号采样点煤样M7-1的挥发分产率>20%，可见露头区所采煤样以中挥发分煤为主，少数为中高挥发分煤。露头区所采煤样的挥发分产率偏高可能主要受风化作用影响所致，风化过程中，煤中有机大分子会被破坏分解成容易脱除的小分子，从而造成受煤中挥发分产率偏高。相比而言，井下所采煤样的挥发分产率则明显较低，5号、8号、9号和10号采样点为井下采样点，4个采样点中煤的挥发分产率为7.52%～15.17%，平均值为10.45%，属于低挥发分煤。这4个井下采样点所采样品新鲜，未遭受风化，因此更具代表性。挥发分产率的高低与煤的变质程度密切有关，也是煤分类的关键指标之一。煤的变质程度越高，其挥发分产率越低。总体来看，研究区煤的挥发分产率较低，属于低挥发分高阶烟煤，与沁水盆地山西组3号煤变质程度较高的特征吻合。

选取苏村煤矿和高河煤矿这两个位置所取煤样进行煤的挥发分产率垂向特征分析。

苏村煤矿煤的挥发分产率垂向分布特征如图3-11所示，垂向上煤的挥发分产率总体平稳，变化不大（样品S5-10除外）。挥发分产率最小值出现在靠近夹矸的煤层S5-10（V_{daf}为8.49%）中，挥发分产率最大值在距顶板较近的上部煤层S5-1（V_{daf}为10.92%）中。

高河煤矿的煤挥发分产率垂向分布特征如图3-12所示。由底板至顶板，挥发分产率呈逐渐递增趋势。挥发分产率最大值出现在接近煤层顶板的煤样G8-2（V_{daf}为15.17%），挥发分产率最小值出现在接近煤层底板的煤样G8-12（V_{daf}为10.02%）。

通过对沁水盆地山西组3号煤的水分、灰分产率、挥发分产率的测定分析，可以发现研究区内山西组3号煤属于低水分、低灰分产率、低挥发分产率的高阶烟煤。

第三节　本章小结

本章总结了沁水盆地山西组3号煤的宏观煤岩特征和显微煤岩特征，以及煤的水分含量、灰分产率、挥发分产率3种化学组成的特征。得出的主要认识如下：

（1）沁水盆地山西组3号煤的宏观煤岩类型主要为半亮煤和半暗煤，光亮煤和暗淡煤次之。

（2）煤的显微组分以镜质组为主（平均值为83.3%），惰质组次之（平均值为6.0%）。镜质组主要为基质镜质体、均质镜质体、碎屑镜质体，以及一定量的结构镜质体和少量团块镜质体。惰质组主要为半丝质体，少量的碎屑惰质体和丝质体。

（3）沁水盆地山西组3号煤为低水分含量、低灰分产率、低挥发分产率的高阶烟煤。垂向上，煤的灰分产率（A_d）在剖面上由底至顶呈递减趋势。

第四章 矿物学特征

本章主要基于 XRD 和 SEM 分析结果,总结了煤中矿物组成及赋存状态等特征。

第一节 矿物组成

XRD 分析测试结果(表 4-1)表明:

(1)沁水盆地山西组 3 号煤中矿物组成以高岭石、伊利石为主,含有少量的石英、方解石、白云石、铁白云石、菱铁矿、黄铁矿及硬水铝石等矿物,扫描电子显微镜下可观察到少量的黄铜矿、长石、硒铅矿、重晶石、磷灰石、锆石,以及少量含稀土元素矿物。

(2)夹矸中的矿物组成以高岭石为主,其含量一般高于 95%(表 4-1)。

(3)顶、底板中的矿物组成以石英为主,其含量多在 65% 以上,其次为高岭石和伊利石等。

表 4-1 沁水盆地山西组 3 号煤、夹矸、顶底板的 XRD 测试结果 （全岩基;单位:%）

样品编号	高岭石	伊利石	绿泥石	石英	方解石	白云石	铁白云石	菱铁矿	黄铁矿	硬水铝石
X2-1	/	5	7	/	3	3	/	/	1	2
J3-1	6	/	8	/	/	/	/	/	/	2
S5-2	7	/	/	3	1	1	/	/	/	/
S5-5	4	2	/	/	1	2	/	/	/	/
S5-8	5	5	/	/	/	1	/	/	/	/
S5-10	/	/	/	/	/	/	/	/	/	/
S5-11	8	14	/	/	/	2	/	/	/	/
S5-14-P	95	5	/	/	/	/	/	/	/	/
S5-16	9	/	/	6	/	/	/	/	3	/
Y6-3	15	/	/	2	2	/	/	/	/	/
G8-R	15	15	/	70	/	/	/	/	/	/
G8-1	/	10	/	/	1	4	/	/	/	3
G8-2	2	3	/	/	5	3	/	/	/	/

续表 4-1

样品编号	高岭石	伊利石	绿泥石	石英	方解石	白云石	铁白云石	菱铁矿	黄铁矿	硬水铝石
G8-4	3	10	/	/	/	/	/	/	/	/
G8-5	2	4	/	/	2	1	/	/	/	1
G8-6	3	6	/	/	/	/	/	/	/	/
G8-8	8	5	/	/	/	/	/	/	/	/
G8-10-P	>98	/	/	/	/	/	/	/	/	/
G8-12	/	2	/	/	5	2	/	/	/	/
G8-F	25	10	/	65	/	/	/	/	/	/
X-1	/	7	3	/	/	/	/	/	/	/
X-2	3	10	/	/	/	/	2	/	/	/
X-3	3	5	/	/	/	/	1	/	/	/
X-5	5	/	/	/	/	/	1	/	/	/
D-2	/	8	5	/	/	/	/	/	/	/
D-3	5	2	/	/	/	/	2	/	/	/
D-5	5	/	/	/	/	/	1	/	/	/
M-1	5	2	/	/	2	/	4	/	/	/
M-2	4	6	/	/	/	/	/	/	/	/
M-3	2	8	/	/	/	/	4	2	/	/
M-4	2	4	/	/	/	/	8	/	1	/

注：/表示低于检测限；后同。

第二节　矿物赋存状态

本节主要介绍扫描电子显微镜下所观察到的煤中矿物的大小、形貌、产状、成分等特征，并基于此总结矿物的赋存状态。

一、高岭石

黏土矿物在煤中较为常见，也是研究区煤中的主要矿物之一，煤中的黏土矿物通常以高岭石最为常见。总的来看，研究区煤中高岭石有 4 种赋存状态：

(1) 以单独颗粒形式存在（图 4-1A—C）。高岭石单独矿物颗粒大小在 25～75μm 之间，形态不一，有的呈不规则块状（图 4-1A），有的呈椭圆状（图 4-1B），有的棱角较为分明（图 4-1C），可能是由源区搬运而来。

(2) 呈薄层状且顺层理分布（图 4-1D—F）。该种赋存形式的高岭石可能为自生成因。

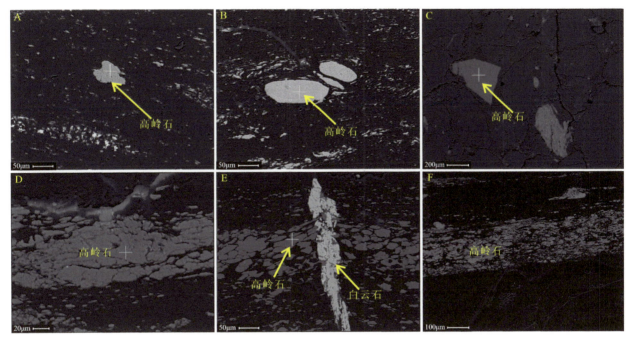

图 4-1　高岭石形态特征（一）（扫描电子显微镜，背散射图像）
A—C. 高岭石呈单独颗粒形式产出，对应的样品分别为 G8-2、G8-6、G8-8；
D—F. 高岭石呈薄层状分布，其中，D 和 E 来自于样品 G8-5，F 来自于样品 G8-12

(3) 充填于成煤植物胞腔（图 4-2A—C）。细胞胞腔直径为 10～30μm，规则排列，高岭石充填于胞腔中，呈圆—椭圆状，胞腔间距离较大。煤中以此种赋存形式存在的高岭石与有机质关系密切，一般为自生成因。

(4) 呈脉状分布（图 4-2D—I）。脉状高岭石长度在 200～500μm 之间，并且有的脉状高岭石与白云石（图 4-2D、E）、方解石（图 4-2F）、菱铁矿（图 4-2G）等矿物共（伴）生，可能为后期次生成因。

二、伊利石

研究区煤中伊利石主要呈分散颗粒状存在（图 4-3）。颗粒长轴 200～500μm，短轴宽 50～200μm。

三、石英

石英是煤中常见的矿物之一。研究区煤中石英总体较少，仅在部分煤中发现，且含量较低，其赋存状态主要分为以下 5 种：

(1) 以单独颗粒形式存在（图 4-4）。石英粒径在 10～150μm 之间，部分石英颗粒边缘较为浑圆，可能是来源于碎屑物源区，且在搬运过程中碎屑发生频繁的碰撞与摩擦所致（图 4-4A、C、E、F）。

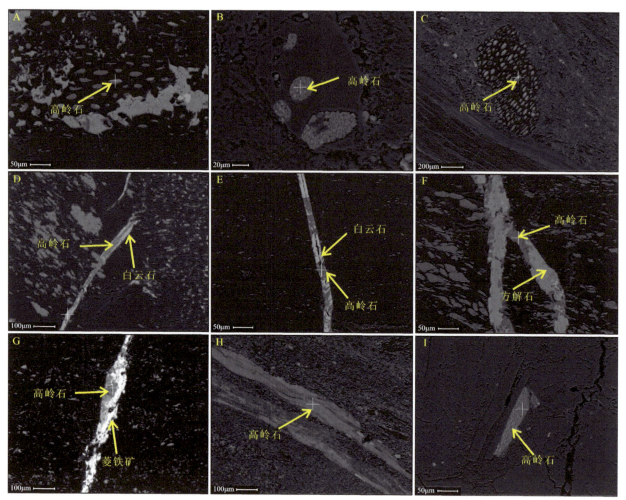

图 4-2　高岭石形态特征(二)(扫描电子显微镜,背散射图像)

A—C.高岭石充填植物细胞胞腔,其中,A、B 均来自样品 G8-5,C 来自于样品 G8-11;
D—I.高岭石呈脉状分布,其中,D 来自样品 G8-1,E、F 均来自于样品 G8-5,
G—I.分别来自于样品 G8-8、G8-11、G8-9

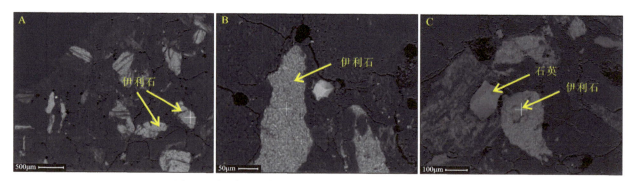

图 4-3　伊利石形态特征(扫描电子显微镜,背散射图像)
A、B.样品 G8-2;C.样品 G8-8

(2)呈脉状分布(图 4-5)。脉状石英长 $50\sim300\mu m$,充填裂隙中,裂隙宽 $10\sim100\mu m$,该赋存形式的石英可能为后期次生成因。

(3)充填于孔洞(图 4-6A—E)。石英呈不规则状充填于孔洞中,石英粒径为 $10\sim20\mu m$。

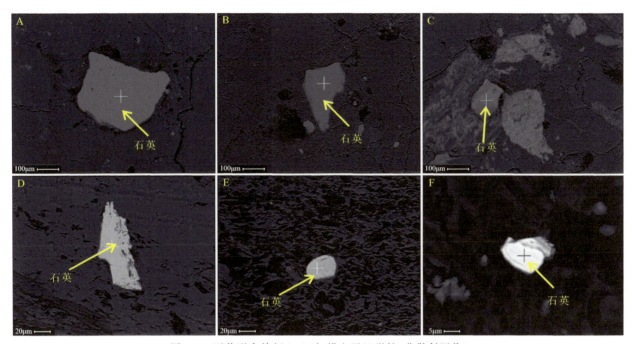

图 4-4　石英形态特征(一)(扫描电子显微镜,背散射图像)
A.样品 G8-2;B.样品 G8-5;C.样品 G8-8;D、E.样品 G8-11;F.样品 G8-5

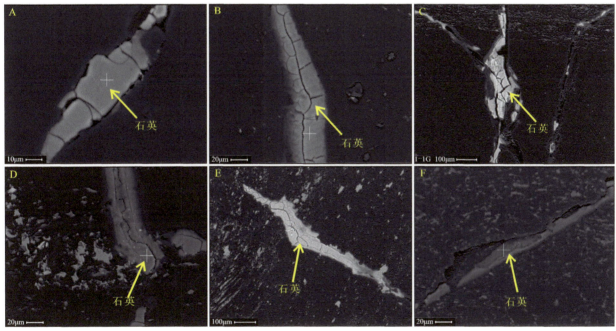

图 4-5　石英形态特征(二)(扫描电子显微镜,背散射图像)
A—C.样品 G8-1;D.样品 G8-5;E.样品 G8-9;F.样品 G8-11

(4)呈环状分布(图 4-6F、G)。石英矿物呈闭合环状(图 4-6F)或半闭合环状(图 4-6G),环的宽度一般小于 $10\mu m$,整个环的直径可达 $200\sim500\mu m$。

(5)与其他矿物共(伴)生(图 4-6H、I)。有的石英以方解石矿物镶边形式产出(图 4-6H),指示它为次生成因;有的石英与白云石共(伴)生出现(图 4-6I)。

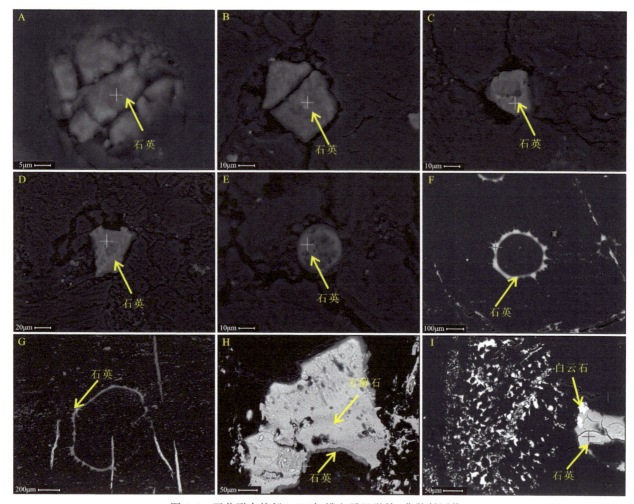

图 4-6 石英形态特征（三）（扫描电子显微镜，背散射图像）
A—E.石英充填于孔洞，其中，A 来自于样品 G8-1，B—D 均来自于样品 G8-5，E 来自于样品 G8-9；F、G.石英呈环状分布，
分别来自于样品 G8-6、G8-12；H、I.石英与其他矿物共(伴)生，均来自于样品 G8-5

四、长石

研究区煤中长石多为钠长石，其赋存状态可分为以下 4 种：

（1）充填于成煤植物细胞胞腔（图 4-7A—C）。细胞胞腔直径为 10～50μm，形状为椭圆状或长条状，胞腔间距离较远，排列较为规则。该类赋存状态指示它为自生成因。

（2）与其他矿物共(伴)生（图 4-7D—F）。钠长石或与菱铁矿共(伴)生（图 4-7D），整体呈蠕虫状；或与方解石共(伴)生（图 4-7E），方解石呈束状，钠长石充填于方解石矿物中；或与黄铜矿共(伴)生（图 4-7F），整体呈团块状。

（3）以单独矿物颗粒形式存在（图 4-8A）。钠长石矿物颗粒呈椭圆状，粒径为 50μm，可能为碎屑成因。

（4）呈不规则团块状（图 4-8B—F）。钠长石呈不规则团块状集合体，粒径较小，其短轴宽为 10～50μm，长轴长 20～100μm，多平行于层面分布（图 4-8B—E）。

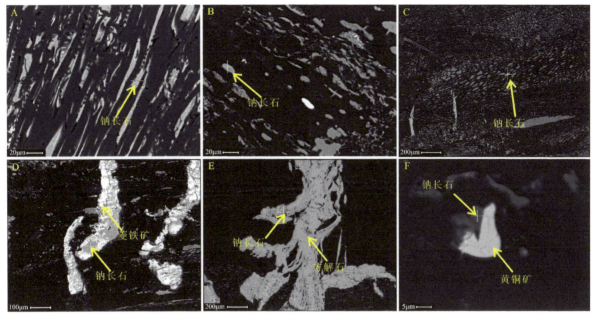

图 4-7　钠长石形态特征（一）（扫描电子显微镜，背散射图像）

A—C.钠长石充填于成煤植物细胞胞腔，分别来自于样品 G8-8、G8-11、G8-12；

D—F.钠长石与其他矿物共（伴）生，分别来自于样品 G8-6、G8-12、G8-1

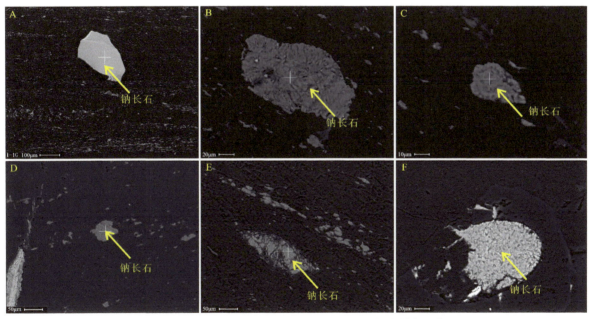

图 4-8　钠长石形态特征（二）（扫描电子显微镜，背散射图像）

A.钠长石以单独矿物颗粒形式存在，来自于样品 G8-1；B—F.钠长石呈不规则团块状，

其中，B、C 均来自样品 G8-7，D—F 分别来自于样品 G8-8、G8-7、G8-6

五、碳酸盐矿物

研究区煤中的碳酸盐矿物主要有方解石、白云石、菱铁矿等。大部分碳酸盐矿物呈脉状，充填于裂

隙中，可能为后生成因，也存在少部分碳酸盐矿物充填于植物胞腔内。

1. 方解石

研究区煤中方解石含量较低，且部分方解石中含有 Fe 和 Mg。方解石主要有 3 种赋存状态：

（1）呈脉状分布（图 4-9A—F）。方解石呈脉状充填于裂隙中，指示它为后生成因，脉体长度为 $100\sim1000\mu m$。

（2）以单矿物颗粒形式存在（图 4-9G—I）。矿物颗粒边界清晰，棱角分明，粒径为 $5\sim50\mu m$。

（3）充填于成煤植物胞腔（图 4-10A—C）。细胞胞腔为椭圆状，粒径为 $50\sim100\mu m$，排列较不规则。部分植物腔胞外围与方解石脉连通（图 4-10A），指示该种赋存形式的方解石可能为后生成因。

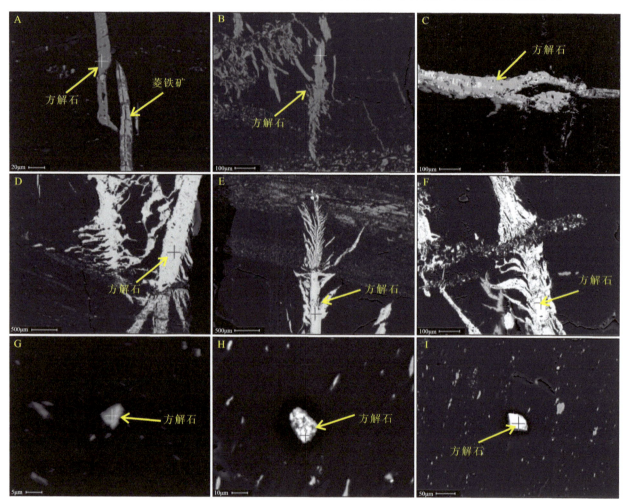

图 4-9 方解石形态特征（一）（扫描电子显微镜，背散射图像）
A—F.方解石呈脉状分布，其中，A—C.均来自于样品 G8-5，D、E 均来自于样品 G8-2，F 来自于样品 G8-6；
G—I.方解石以单矿物颗粒形式存在，其中，G 来自于样品 G8-7，H、I 均来自于样品 G8-8

2. 白云石

研究区煤中除了白云石矿物外，也发现有少量铁白云石，其赋存状态可分为 3 种：

（1）呈脉状分布（图 4-11A—E）。白云石呈脉状充填于裂隙中，脉体长度为 $50\sim800\mu m$，可能为后生成因。部分白云石与高岭石共（伴）生出现（图 4-11B），部分白云石在菱铁矿边缘产出（图 4-11C）。

（2）充填于植物胞腔中（图 4-11F）。胞腔呈椭圆状，排列规则，大小为 $5\sim25\mu m$。

（3）呈不规则状分布（图 4-11G—I）。白云石形态不规则。

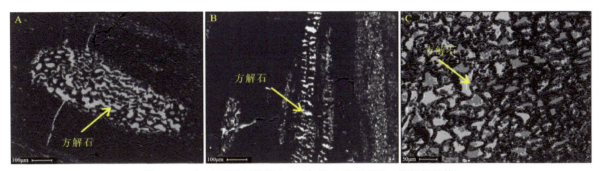

图 4-10　方解石形态特征（二）（扫描电子显微镜，背散射图像）

A—C. 方解石充填于成煤植物胞腔，分别来自于样品 G8-2、G8-5、G8-12

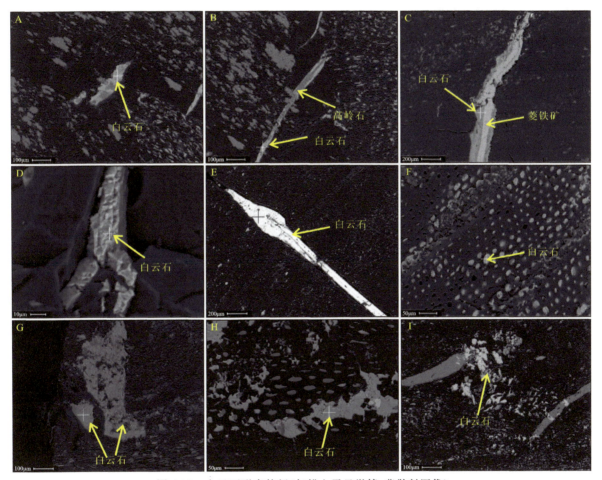

图 4-11　白云石形态特征（扫描电子显微镜，背散射图像）

A—E. 白云石呈脉状分布，其中，A、B 均来自于样品 G8-1，C 来自于样品 G8-8，D、E 均来自于样品 G8-2；
F. 白云石充填于成煤植物胞腔，来自于样品 G8-2；G—I. 白云石呈不规则状分布，分别来自于样品 G8-2、G8-5、G8-12

3. 菱铁矿

研究区煤中菱铁矿含量较低，且部分菱铁矿中含有少量 Ca 和 Mg。菱铁矿的赋存状态与方解石和白云石的相似，可分为以下 2 种：

（1）呈脉状分布（图 4-12）。脉体长度为 $50\sim300\mu m$，多充填于裂隙。

（2）呈不规则颗粒状（图 4-13）。菱铁矿颗粒形状不规则，大小为 $10\sim50\mu m$，也存在浑圆状的菱铁矿颗粒（图 4-13I），粒径为 $5\mu m$。

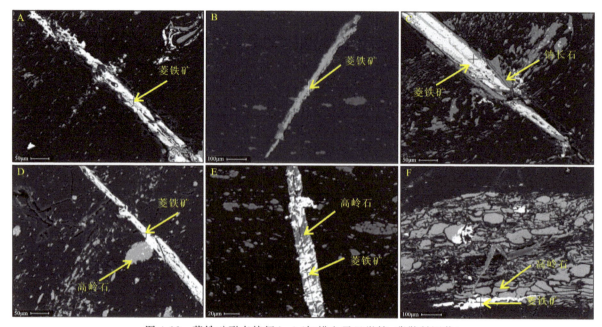

图 4-12 菱铁矿形态特征(一)(扫描电子显微镜,背散射图像)

A—F. 菱铁矿呈脉状分布,其中,A、B 分别来自于样品 G8-2、G8-8,C、D 均来自于样品 G8-2,E、F 均来自于样品 G8-6

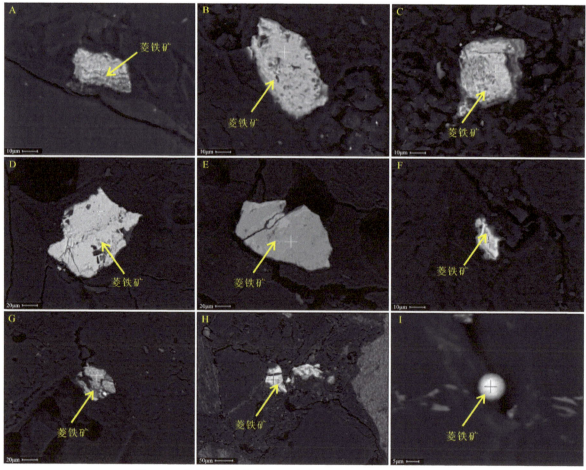

图 4-13 菱铁矿形态特征(二)(扫描电子显微镜,背散射图像)

A—I. 菱铁矿呈不规则颗粒状,其中,A 来自于样品 G8-1,B、C 均来自于样品 G8-5,D—G 均来自于样品 G8-9,H、I 分别来自于样品 G8-2、G8-5

六、硫化物矿物

1. 黄铁矿

研究区煤中黄铁矿含量较低,其赋存状态可分为以下3种:

(1) 呈分散颗粒状或草莓状分布在有机质中(图4-14A—C),颗粒较小,一般小于$5\mu m$,草莓状黄铁矿可能为同生阶段或准同生阶段自生成因的产物。

(2) 呈脉状分布(图4-14D—F)。黄铁矿呈脉状分布,脉体长$10\sim50\mu m$,充填于裂隙中,可能为后生成因。部分脉状黄铁矿相互交错,排列杂乱无章。

(3) 呈团块状分布(图4-14G—I)。团块粒径为$20\sim100\mu m$,形状较不规则。

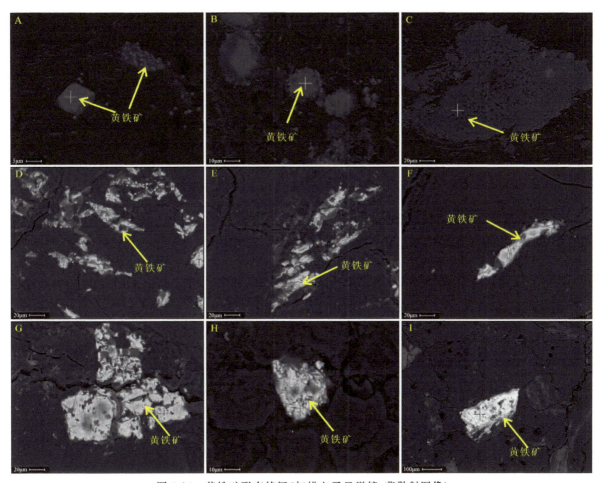

图4-14 黄铁矿形态特征(扫描电子显微镜,背散射图像)

A—C.黄铁矿呈分散颗粒状或莓球状分布,均来自于样品S5-16;D—F.黄铁矿呈脉状分布,均来自于样品G8-1;
G—I.黄铁矿呈团块状分布,其中,G、H均来自于样品G8-1,I来自于样品G8-2

2. 黄铜矿

黄铜矿主要呈分散颗粒状分布,形状多不规则,颗粒长$4\sim30\mu m$,宽$1\sim20\mu m$(图4-15)。部分黄铜矿颗粒分布在高岭石中(图4-15B)。

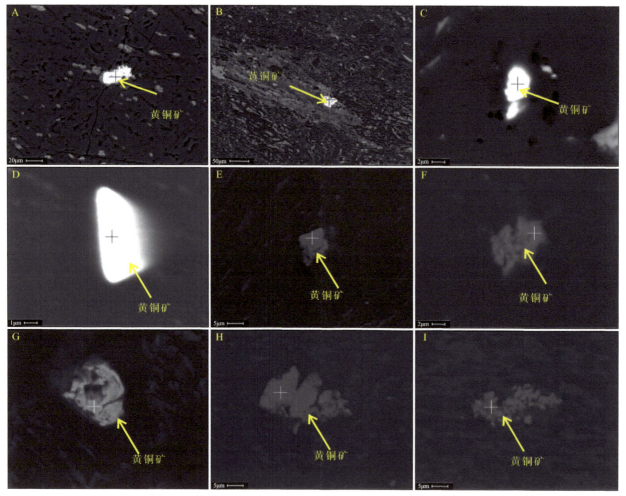

图 4-15 黄铜矿形态特征(扫描电子显微镜,背散射图像,黄铜矿呈分散颗粒状分布)
A.样品 G8-2;B、C.样品 G8-11;D、E.样品 S5-16;F.样品 G8-9;G—I.样品 G8-11

七、其他矿物

1. 重晶石

研究区煤中重晶石多以单独颗粒形式存在,有的重晶石颗粒较为完整(图 4-16A、B),粒径为 10~20μm,部分重晶石表面有一定程度破损,破碎为多块不规则小颗粒,其小颗粒粒径多小于 5μm(图 4-16C、D)。

2. 磷灰石

通过扫描电子显微镜观察在煤中发现了少量的磷灰石。磷灰石呈不规则形状,与白云石共(伴)生(图 4-17A),或与硬水铝石共(伴)生(图 4-17B)。

3. 锆石

借助于扫描电子显微镜,在煤中发现了少量锆石,锆石多呈单独矿物颗粒形式存在,粒径为 2~10μm(图 4-17C、D)。

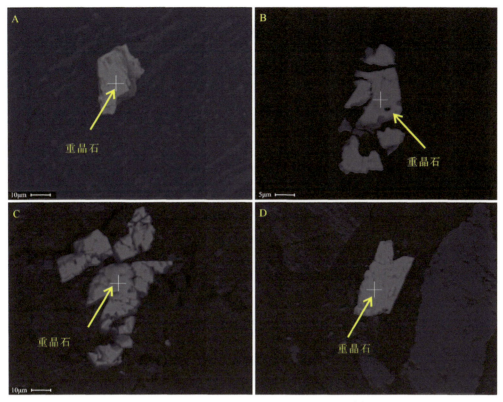

图 4-16 重晶石形态特征(扫描电子显微镜,背散射图像)
A.样品 G8-11；B—D.样品 M7-1

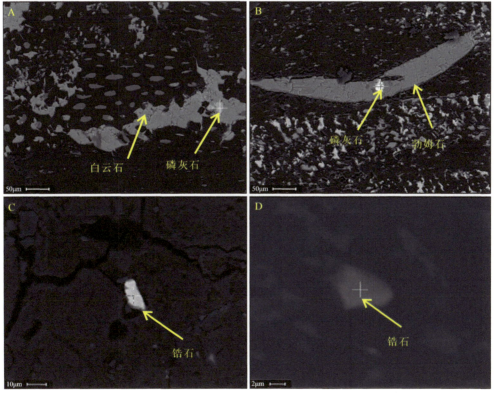

图 4-17 磷灰石和锆石形态特征(扫描电子显微镜,背散射图像)
A、B.磷灰石呈不规则形状与其他矿物共(伴)生,分别来自于样品 G8-5、G8-12；
C、D.锆石以单独矿物颗粒形式存在,分别来自于样品 G8-9、G8-11

4. 硒铅矿

方铅矿的主要组成元素为 Pb 和 S，Se 代替 S，可形成硒铅矿。通过扫描电子显微镜观察到样品的元素组成为 Pb 和 Se，故判断为硒铅矿（图 4-18）。

硒铅矿主要以单独矿物颗粒形式存在，呈椭圆状，颗粒短轴宽为 $1\sim10\mu m$，长轴长为 $3\sim20\mu m$，其中部分硒铅矿中含有少量稀土元素 Er（图 4-18C）。

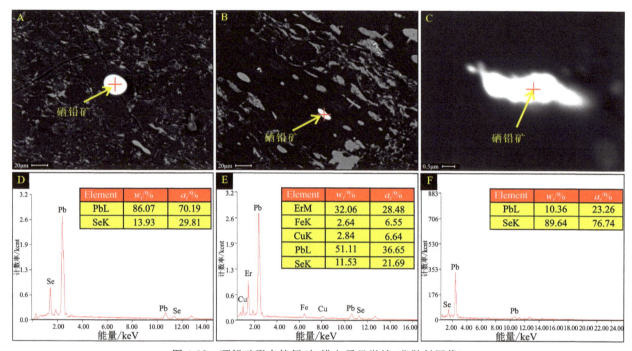

图 4-18　硒铅矿形态特征（扫描电子显微镜，背散射图像）

A、B. 样品 G8-11；C. 样品 S5-16；D—F. 分别对应 A—C 中测点的能谱分析图和成分含量；
K、L、M 表示相应元素原子中电子所处的壳层；w_t 表示质量分数；a_t 表示原子百分数；后同

5. 硬水铝石

通过扫描电子显微镜分析，在研究区煤中发现了少量铝的氢氧化物，结合 XRD 在整个研究区的分析结果，推测该铝的氢氧化物为硬水铝石（图 4-19）。总体来看，它在扫描电子显微镜下的赋存状态可分为以下 2 种：

（1）以脉状或者长条状形式存在（图 4-20A、B）。呈细长条状（图 4-20A）或脉状（图 4-20B），长度为 $150\sim300\mu m$。

（2）与其他矿物共（伴）生（图 4-20C—F）。与方解石、菱铁矿、白云石等矿物共（伴）生，整体呈脉状，脉体长度为 $100\sim250\mu m$（图 4-20C—E）；也可呈不规则团块状充填于高岭石中（图 4-20F）。

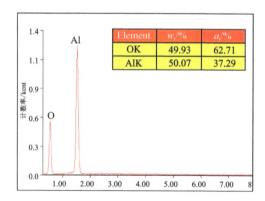

图 4-19　硬水铝石能谱分析图及成分含量

6. 含稀土元素矿物

含稀土元素矿物多呈不规则团块状（图 4-21），大小为 $2\sim20\mu m$。这些含稀土元素矿物中 P 含量较高，推测其可能为磷酸盐矿物。这些矿物中一般含有 La、Ce、Pr、Nd、Sm、Gd、Er 等稀土元素。此外，部分矿物中还含有 U、Th 等放射性元素（图 4-21C、D、G、H）。

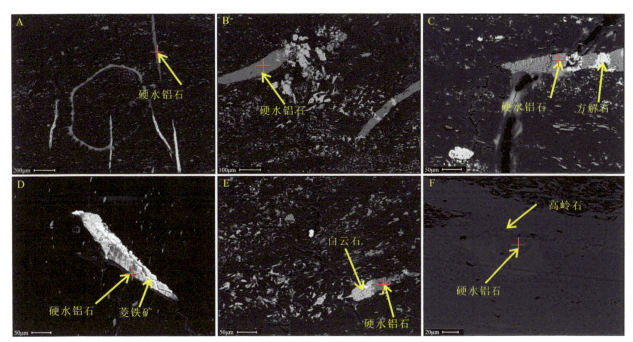

图 4-20 硬水铝石形态特征(扫描电子显微镜,背散射图像)
A、B. 硬水铝石呈脉状或长条状,均来自于样品 G8-12;C—F. 硬水铝石与其他矿物共(伴)生,
分别来自于样品 G8-2、G8-8、G8-12、G8-11

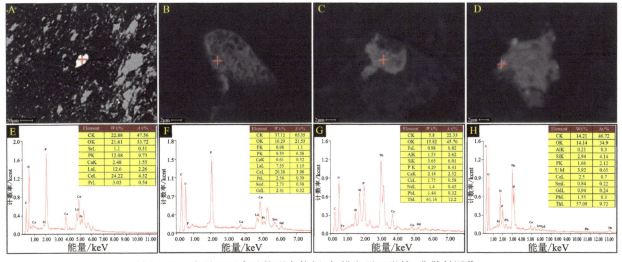

图 4-21 含稀土元素矿物形态特征(扫描电子显微镜,背散射图像)
A—C. 样品 G8-9;D. 样品 M7-1;E—H. 分别对应 A—D 中测点的能谱分析图和成分含量

第三节 本章小结

本章借助于 XRD 和扫描电子显微镜,对沁水盆地山西组 3 号煤的矿物学特征进行了分析和总结,得出的主要认识如下:

(1)煤中矿物主要为高岭石、伊利石,含有较少量的白云石、铁白云石、石英、菱铁矿及黄铁矿等矿物。夹矸的矿物组成主要为高岭石;煤层顶底板中矿物主要为石英,其次为高岭石和伊利石等矿物。

(2)扫描电子显微镜下发现了一些 XRD 未检测到的矿物,包括黄铜矿、长石、硒铅矿、重晶石、磷灰石、锆石,以及少量的含稀土元素矿物。基于扫描电子显微镜分析结果,对煤中主要矿物的赋存状态总结如下:

A. 煤中高岭石的赋存状态主要有 4 种,即以单独矿物颗粒、薄层状、充填于成煤植物细胞胞腔、脉状。

B. 石英的赋存状态主要有 5 种,即单独颗粒、脉状分布、充填孔洞、环状分布、与其他矿物共(伴)生。

C. 长石的赋存状态主要有 4 种,即充填于成煤植物细胞胞腔、与其他矿物共(伴)生、单独矿物颗粒、呈不规则团块状。

D. 碳酸盐矿物。煤中方解石的赋存状态主要有 3 种,即脉状、单矿物颗粒、充填植物胞腔;白云石的赋存状态主要有 3 种,即脉状、充填于成煤植物细胞胞腔、不规则状分布;菱铁矿的赋存状态主要有 2 种,即脉状、不规则颗粒状。

E. 黄铁矿赋存状态主要有 3 种,即分散颗粒状或草莓状、脉状、团块状。

第五章 煤中元素含量及其分布特征

本章总结了煤中常量元素、微量元素和稀土元素在平面上不同采样点以及同一采样位置不同深度的地球化学特征及其变化规律。同时对比了全煤和镜煤条带中常量元素、微量元素和稀土元素的含量差异，并对元素的无机/有机亲和性进行了初步分析。

第一节 常量元素

常量元素测试包括全煤、夹矸和顶底板样品中 SiO_2、TiO_2、Al_2O_3、Fe_2O_3、MnO、MgO、CaO、Na_2O、K_2O 和 P_2O_5 含量，测试结果以元素（氧化物）百分含量形式表示（表 5-1）。

一、煤中常量元素特征

晋城市陵川县杨村乡平城镇（1号采样点，P1-1）煤中常量元素组成以 Si 和 Al 为主，其氧化物 SiO_2 和 Al_2O_3 的含量分别为 5.32% 和 3.33%；其次为 Ca、Fe、Mg、Na 和 Ti，其氧化物 CaO、Fe_2O_3、MgO、Na_2O 及 TiO_2 的含量分别为 0.286%、0.202%、0.171%、0.171% 和 0.109%；P 和 Mn 的含量较低，其氧化物 P_2O_5 和 MnO 的含量均低于 0.025%（表 5-1）。

晋城市下村镇上寺头村王坡煤矿（2号采样点，X2-1）煤中常量元素组成以 Si、Al、Ca 和 Fe 为主，其氧化物 SiO_2、Al_2O_3、CaO 和 Fe_2O_3 的含量分别为 5.27%、4.11%、2.27% 和 1.24%；其次为 Mg、P 和 Na，其氧化物 MgO、P_2O_5 和 Na_2O 的含量分别为 0.35%、0.319% 和 0.2%；K、Mn 和 Ti 的含量较低，其氧化物 K_2O、MnO 和 TiO_2 的含量均低于 0.065%（表 5-1）。

晋城市阳城县建材陶瓷厂（3号采样点，J3-1~J3-3）煤中常量元素组成以 Si、Al 和 Ca 为主，其氧化物 SiO_2 的含量为 6.26%~8.15%，平均值为 7.04%，Al_2O_3 的含量为 6.8%~8.66%，平均值为 7.65%，CaO 的含量为 3.4%~7.42%，平均值为 4.89%；其次为 Fe、Mg、Ti、Na、K 和 P，其氧化物 Fe_2O_3 的含量为 0.261%~1.19%，平均值为 0.61%，MgO 的含量为 0.464%~0.514%，平均值为 0.49%，TiO_2 的含量为 0.128%~0.506%，平均值为 0.28%，Na_2O 的含量为 0.111%~0.232%，平均值为 0.16%，K_2O 的含量为 0.074%~0.142%，平均值为 0.1%，P_2O_5 的含量为 0.027%~0.175%，平均值为 0.081%；MnO 含量低，多低于检测限（表 5-1）。

长治市长治县西火镇南大掌村（4号采样点，N4-1）煤中常量元素组成以 Si、Al 和 Ca 为主，其氧化物 SiO_2、Al_2O_3 和 CaO 的含量分别为 4.41%、2.99%、1.03%；其次为 Fe、Mg 和 Na，其氧化物 Fe_2O_3、MgO 和 Na_2O 的含量分别为 0.486%、0.179% 和 0.172%；P、Ti 含量较低，其氧化物 P_2O_5 和 TiO_2 的含量分别为 0.083%、0.064%；K_2O 的含量低于检测限（表 5-1）。

长治市苏村煤矿(5号采样点,S5-1～S5-16)煤中常量元素组成以 Si 和 Al 为主,SiO_2 的含量为 2.49%～13.26%,平均值为 5.56%,Al_2O_3 的含量为 2.13%～11.8%,平均值为 4.7%;其次为 Ca、Fe、Ti、Mg 和 Na,其氧化物 CaO 的含量为 0.045%～4.18%,平均值为 0.74%,Fe_2O_3 的含量为 0.074%～2.11%,平均值为 0.59%,TiO_2 的含量为 0.04%～0.583%,平均值为 0.17%,MgO 的含量为 0.014%～0.408%,平均值为 0.14%,Na_2O 的含量为 0.047%～0.224%,平均值为 0.1%;P_2O_5 的含量为 0.022%～0.166%,平均值为 0.05%;K、Mn 含量较低,多低于检测限(表 5-1)。

阳泉市郊区规划和自然资源局旁露天采空煤广场(6号采样点,Y6-1～Y6-4)煤中常量元素组成以 Si 和 Al 为主,其氧化物 SiO_2 的含量为 5.45%～9.45%,平均值为 6.9%,Al_2O_3 的含量为 2.81%～6.87%,平均值为 4.26%;其次为 Ca、Fe、Mg、Ti、Na 和 K,其氧化物 CaO 的含量为 0.247%～2.02%,平均值为 0.97%,Fe_2O_3 的含量为 0.14%～0.443%,平均值为 0.25%,MgO 的含量为 0.022%～0.336%,平均值为 0.17%,TiO_2 的含量为 0.071%～0.332%,平均值为 0.16%,Na_2O 的含量为 0.06%～0.181%,平均值为 0.1%,K_2O 的含量为 0.002%～0.109%,平均值为 0.05%;Mn 和 P 含量较低,多低于检测限(表 5-1)。

晋中市左权县墨镫乡(7号采样点,M7-1)煤中常量元素组成主要为 Si、Al 和 Ca,其氧化物 SiO_2、Al_2O_3 和 CaO 的含量分别为 6.69%、5.4% 和 1.05%;其次为 Fe、Mg 和 Ti,其氧化物 Fe_2O_3、MgO 和 TiO_2 的含量分别为 0.223%、0.168% 和 0.143%;K、Mn、Na 和 P 含量较低,其氧化物含量<0.06%(表 5-1)。

长治市高河煤矿(8号采样点,G8-1～G8-12)煤中常量元素组成主要为 Si、Al 和 Ca,其氧化物 SiO_2 的含量为 2.95%～16.45%,平均值为 7.03%,Al_2O_3 的含量为 3.51%～12.9%,平均值为 6.08%,CaO 的含量为 0.035%～4.14%,平均值为 1.22%;其次为 Fe、Ti、Mg、Na 和 P,其氧化物 Fe_2O_3 的含量为 0.102%～1.02%,平均值为 0.54%,TiO_2 的含量为 0.056%～1.56%,平均值为 0.3%,MgO 的含量为 0.041%～0.558%,平均值为 0.2%,Na_2O 的含量为 0.099%～0.271%,平均值为 0.18%,P_2O_5 的含量为 0～0.405%,仅在 G8-7～G8-9 中检出;K_2O 和 MnO 含量均低于检测限(表 5-1)。

晋城市沁水县寺河煤矿(9号采样点,西井区 X-1、X-2、X-4～X-6,东井区 D-1、D-2、D-4～D-6)煤中常量元素组成以 Al 为主(Si 未检测,暂不做描述讨论),其氧化物 Al_2O_3 的含量为 1.29%～11.1%,平均值为 3.78%;其次为 Ca、Fe、Mg、Na 和 Ti,其氧化物 CaO 的含量为 0.053%～0.95%,平均值为 0.25%,Fe_2O_3 的含量为 0.078%～1.55%,平均值为 0.37%,MgO 的含量为 0.03%～0.505%,平均值为 0.1%,Na_2O 的含量为 0.06%～0.234%,平均值为 0.12%,TiO_2 的含量为 0.05%～0.331%,平均值为 0.15%;K、Mn、P 含量较低,其氧化物含量均值低于 0.07%(表 5-1)。

高平市赵庄煤矿(10号采样点,M-1～M-3、M-5、M-6)煤中常量元素组成以 Al 为主(元素 Si 未检测,暂不做描述讨论),其氧化物 Al_2O_3 的含量为 2.1%～4.4%,平均值为 3.23%;其次为 Ca、Fe、Mg、Na 和 Ti,其氧化物 CaO 的含量为 0.105%～2.61%,平均值为 0.99%,Fe_2O_3 的含量为 0.256%～1.16%,平均值为 0.71%,MgO 的含量为 0.042%～0.664%,平均值为 0.25%,Na_2O 的含量为 0.103%～0.199%,平均值为 0.15%,TiO_2 的含量为 0.038%～0.229%,平均值为 0.11%;K、Mn、P 含量较低,K_2O 的含量为 0.01%～0.013%,平均值为 0.01%,P_2O_5 仅仅在 M-6 煤样中检出,其他煤样中的 P_2O_5 含量和 MnO 含量低于检测限(表 5-1)。

不同采样点之间常量元素具有一定的规律性,表现为不同采样点煤中常量元素组成均以 Si 和 Al 为主,Ca 和 Fe 次之。其氧化物 SiO_2 的含量为 2.49%～16.45%,平均值为 6.26%;Al_2O_3 的含量为 1.29%～12.9%,平均值为 4.76%;CaO 的含量为 0.035%～7.42%,平均值为 1.07%;Fe_2O_3 的含量为 0.074%～2.11%,平均值为 0.52%。其他氧化物的平均含量均低于 1%。此外,SiO_2、Al_2O_3 的最大值均来自 8 号采样点处的 G8-11 煤样(表 5-1)。

与 Dai 等(2012a)报道的中国煤中常量元素均值相比,沁水盆地山西组 3 号煤中除 P_2O_5 含量(平均值为 0.1%)略高于中国煤外,其他元素含量的平均值都低于中国煤。其中,煤中 Fe_2O_3 和 K_2O 与中国煤中常量元素含量平均值的比值分别为 0.11 和 0.29,远低于中国煤均值,其他元素比值分别为 0.74(SiO_2)、0.8(Al_2O_3)、0.87(CaO)、0.83(MgO)、0.83(Na_2O)、0.57(TiO_2),与中国煤含量均值接近。

Si、Ti、Al、Fe、Mn、Mg、Ca、Na、K、P 是煤中无机组分的重要组成元素,也是煤灰的主要组成部分。沁水盆地山西组 3 号煤为低灰煤,煤中常量元素含量偏低可能与其灰分产率较低有关。

表 5-1　沁水盆地山西组 3 号煤、夹矸和顶底板中常量元素含量　　　　（单位:%)

样品编号	采样位置	LOI	SiO_2	TiO_2	Al_2O_3	Fe_2O_3	MnO	MgO	CaO	Na_2O	K_2O	P_2O_5
P1-R	晋城市陵川县杨村乡平城镇（1号采样点）	12.08	61.25	0.888	21.8	1.25	<0.01	0.364	0.053	0.309	1.92	0.051
P1-1		90.46	5.32	0.109	3.33	0.202	<0.01	0.171	0.286	0.171	0.039	0.025
P1-F		10.08	58.91	0.876	20.9	4.66	0.057	0.705	0.602	0.599	2.40	0.221
X2-R	晋城市下村镇上寺头村王坡煤矿（2号采样点）	8.73	60.81	0.964	21.0	2.90	0.045	0.698	0.722	0.971	2.96	0.155
X2-1		86.06	5.27	0.064	4.11	1.24	<0.01	0.350	2.27	0.200	0.024	0.319
X2-F		11.86	54.86	0.880	21.9	5.29	0.143	0.984	0.559	0.674	2.63	0.179
J3-R	晋城市阳城县建材陶瓷厂（3号采样点）	5.88	67.25	0.623	18.2	3.24	0.120	0.499	0.472	1.25	2.26	0.111
J3-1		73.21	8.15	0.128	8.66	1.19	<0.01	0.484	7.42	0.232	0.142	0.175
J3-2		81.41	6.71	0.191	6.80	0.261	<0.01	0.514	3.84	0.111	0.074	0.027
J3-3		81.15	6.26	0.506	7.48	0.380	<0.01	0.464	3.40	0.125	0.092	0.042
J3-F		13.05	57.16	1.12	24.6	0.900	<0.01	0.388	0.067	0.292	2.28	0.045
N4-R	长治市长治县西火镇南大掌村（4号采样点）	9.03	59.44	0.966	20.6	4.10	0.100	0.849	0.297	0.667	3.74	0.145
N4-1		90.59	4.41	0.064	2.99	0.486	<0.01	0.197	1.03	0.172	<0.01	0.083
N4-F		7.80	61.85	0.910	20.6	2.74	0.101	0.806	0.569	0.438	3.83	0.190
S5-1	长治市苏村煤矿（5号采样点）	92.77	3.3	0.076	2.97	0.295	<0.01	0.108	0.327	0.141	<0.01	<0.01
S5-2		86.75	7.85	0.172	4.49	0.129	<0.01	0.074	0.458	0.047	<0.01	<0.01
S5-3		85.45	6.89	0.420	6.49	0.267	<0.01	0.100	0.281	0.125	<0.01	<0.01
S5-4		91.65	4.35	0.040	3.70	0.074	<0.01	0.014	0.109	0.062	<0.01	0.026
S5-5		93.82	2.49	0.041	2.18	0.468	<0.01	0.167	0.728	0.124	<0.01	<0.01
S5-6		89.40	2.81	0.080	2.13	0.843	<0.01	0.408	4.18	0.098	<0.01	0.022
S5-7		92.76	2.54	0.077	2.44	0.760	<0.01	0.243	0.704	0.154	<0.01	0.166
S5-8		88.81	4.85	0.162	4.68	0.799	<0.01	0.145	0.299	0.224	<0.01	<0.01
S5-9-P		51.38	25.14	1.09	21.30	0.446	<0.01	0.114	0.072	0.368	0.148	0.033
S5-10		90.59	4.10	0.105	3.95	0.577	<0.01	0.142	0.410	0.099	<0.01	<0.01

续表 5-1

样品编号	采样位置	LOI	SiO$_2$	TiO$_2$	Al$_2$O$_3$	Fe$_2$O$_3$	MnO	MgO	CaO	Na$_2$O	K$_2$O	P$_2$O$_5$
S5-11	长治市苏村煤矿（5号采样点）	81.20	8.33	0.290	8.52	1.000	<0.01	0.191	0.378	0.129	<0.01	0.022
S5-12		89.44	4.65	0.063	3.99	0.577	<0.01	0.120	1.050	0.062	<0.01	<0.01
S5-13		88.46	5.26	0.050	4.53	0.292	<0.01	0.121	1.210	0.063	0.046	<0.01
S5-14-P		25.76	40.79	0.882	31.30	0.266	<0.01	0.132	0.078	0.512	0.246	0.026
S5-15		74.33	13.26	0.251	11.80	0.097	<0.01	0.025	0.045	0.059	0.008	0.022
S5-16		85.85	7.12	0.583	3.98	2.11	<0.01	0.050	0.131	0.048	0.149	<0.01
Y6-R	阳泉市郊区规划和自然资源局旁露天采空煤广场（6号采样点）	8.83	59.84	0.874	19.50	4.51	0.023	1.290	0.447	0.625	3.840	0.127
Y6-1		89.58	5.45	0.123	2.81	0.443	<0.01	0.336	1.170	0.060	0.069	<0.01
Y6-2		80.61	9.45	0.332	6.87	0.167	<0.01	0.287	2.02	0.068	0.109	0.018
Y6-3		88.33	6.86	0.071	3.97	0.140	<0.01	0.022	0.453	0.181	0.002	<0.01
Y6-4		89.97	5.84	0.109	3.40	0.256	<0.01	0.036	0.247	0.107	0.029	<0.01
Y6-F		15.16	55.65	0.974	25.00	0.659	<0.01	0.310	0.203	0.220	1.560	0.043
M7-R	晋中市左权县墨镫乡（7号采样点）	19.45	55.74	0.713	20.10	0.786	<0.01	0.400	0.303	0.206	2.160	0.042
M7-1		86.22	6.69	0.143	5.40	0.223	<0.01	0.168	1.050	0.050	0.058	0.036
M7-F		16.53	55.85	0.921	23.90	0.886	<0.01	0.383	0.303	0.146	0.953	0.054
G8-R	长治市高河煤矿（8号采样点）	8.76	59.65	1.170	23.40	1.09	<0.01	0.602	0.127	0.437	4.590	0.057
G8-1		89.25	4.79	0.076	3.54	0.770	<0.01	0.236	1.100	0.210	<0.01	<0.01
G8-2		87.23	4.24	0.141	3.54	0.752	<0.01	0.465	3.280	0.138	<0.01	<0.01
G8-3		89.19	3.81	0.062	3.51	0.678	<0.01	0.300	2.180	0.207	<0.01	<0.01
G8-4		82.42	9.02	0.456	7.37	0.299	<0.01	0.053	0.058	0.158	<0.01	<0.01
G8-5		89.95	4.03	0.110	3.14	0.662	<0.01	0.209	1.710	0.159	<0.01	<0.01
G8-6		93.14	2.95	0.109	2.99	0.480	<0.01	0.076	0.167	0.164	<0.01	<0.01
G8-7		77.62	10.41	1.560	9.93	0.237	<0.01	0.044	0.063	0.211	<0.01	0.022
G8-8		89.19	4.60	0.063	4.33	0.640	<0.01	0.084	0.495	0.271	<0.01	0.405
G8-9		75.30	12.15	0.335	11.40	0.252	<0.01	0.087	0.174	0.099	<0.01	0.026
G8-10-P		43.15	30.95	0.364	24.90	0.192	<0.01	0.069	0.054	0.308	0.063	0.022
G8-11		70.12	16.45	0.364	12.90	0.102	<0.01	0.041	0.035	0.176	<0.01	<0.01
G8-12		84.88	4.85	0.056	4.26	1.02	<0.01	0.558	4.140	0.182	<0.01	<0.01
G8-F		8.26	68.89	0.818	19.90	0.465	<0.01	0.206	0.087	0.218	1.160	0.041

续表 5-1

样品编号	采样位置	LOI	SiO₂	TiO₂	Al₂O₃	Fe₂O₃	MnO	MgO	CaO	Na₂O	K₂O	P₂O₅
X-R	晋城市寺河煤矿（9号采样点）西井区	/	/	0.656	23.70	0.454	<0.01	0.338	0.192	2.940	3.120	0.055
X-1		/	/	0.201	3.87	0.358	<0.01	0.059	0.120	0.135	0.077	0.020
X-2		/	/	0.253	3.26	0.176	0.002	0.068	0.207	0.137	0.054	0.010
X-3-P		/	/	0.604	19.40	0.335	<0.01	0.137	0.078	0.559	0.652	0.000
X-4		/	/	0.074	2.75	0.368	<0.01	0.074	0.320	0.087	0.055	0.151
X-5		/	/	0.249	11.10	1.550	0.003	0.505	0.950	0.234	0.279	<0.01
X-6		/	/	0.138	1.59	0.078	<0.01	0.026	0.087	0.060	0.009	<0.01
X-F		/	/	0.914	22.70	0.657	0.000	0.440	0.132	1.54	3.99	0.020
D-R	东井区	/	/	0.475	35.10	1.700	0.017	0.343	0.145	0.882	0.752	0.058
D-1		/	/	0.106	3.63	0.169	0.000	0.030	0.053	0.071	0.042	<0.01
D-2		/	/	0.331	4.05	0.448	0.002	0.072	0.285	0.111	0.072	0.113
D-3-P		/	/	0.673	23.80	0.182	<0.01	0.098	0.056	0.433	0.460	0.043
D-4		/	/	0.050	2.78	0.260	0.004	0.101	0.366	0.076	0.027	<0.01
D-5		/	/	0.083	3.50	0.116	0.002	0.043	0.064	0.186	0.032	<0.01
D-6		/	/	0.058	1.29	0.158	<0.01	0.038	0.087	0.077	0.011	<0.01
D-F		/	/	0.765	15.40	2.80	0.056	1.090	2.620	0.854	1.740	0.106
M-R	高平市赵庄煤矿（10号采样点）	/	/	0.940	14.10	1.480	0.030	0.355	0.572	1.390	2.780	0.162
M-1		/	/	0.050	2.41	0.544	<0.01	0.242	1.120	0.103	0.011	0.005
M-2		/	/	0.229	3.26	0.256	<0.01	0.042	0.105	0.151	0.011	<0.01
M-3		/	/	0.087	4.40	0.966	<0.01	0.224	0.620	0.199	0.010	<0.01
M-4-P		/	/	0.793	25.30	1.260	0.000	0.708	0.099	0.558	3.06	0.048
M-5		/	/	0.038	2.10	1.160	0.003	0.664	2.610	0.129	0.012	<0.01
M-6		/	/	0.146	3.96	0.607	0.001	0.087	0.471	0.174	0.013	0.304
M-F		/	/	0.753	23.90	1.740	0.007	0.740	0.133	0.694	2.890	0.109

注：LOI. loss on ignition，烧失量。

通过对沁水盆地山西组 3 号煤中常量元素之间及常量元素与灰分产率的相关性分析（表 5-2）可以看出，Al_2O_3 和灰分产率的相关性最好，相关系数（r）为 0.84（图 5-1A），其次为 SiO_2，相关系数为 0.82（图 5-1B），表明这些元素主要赋存于无机矿物中；此外，K_2O 和 TiO_2 与灰分产率的相关系数分别为

0.57和0.38(图5-1C、D),其他元素与灰分产率的相关性不明显。各元素之间,SiO_2与Al_2O_3表现出较好的相关性(相关系数为0.93,图5-1E),表明Si和Al可能主要以硅铝酸盐的形式赋存于煤中。此外,K_2O与Al_2O_3、TiO_2均表现出较好的相关性(相关系数分别为0.58、0.51),表明K_2O可能主要赋存于含Al的矿物中,如黏土矿物等。K_2O与TiO_2表现出高相关性,可能主要由于Al_2O_3与TiO_2相关性好(相关系数为0.53)间接导致,Al_2O_3与TiO_2的良好相关性可能主要是由于含Al的黏土矿物和含Ti的重矿物均较稳定,常共(伴)生出现。

表5-2 沁水盆地山西组3号煤中常量元素之间及常量元素与灰分产率(A_d)间的相关性

	A_d	SiO_2	TiO_2	Al_2O_3	Fe_2O_3	MgO	CaO	Na_2O	K_2O	P_2O_5
A_d	1.00									
SiO_2	0.82**	1.00								
TiO_2	0.38**	0.50**	1.00							
Al_2O_3	0.84**	0.93**	0.53**	1.00						
Fe_2O_3	0.18	−0.28	−0.02	0.00	1.00					
MgO	0.16	−0.28	−0.16	0.04	0.52**	1.00				
CaO	0.10	−0.16	−0.14	0.06	0.38**	0.82**	1.00			
Na_2O	0.13	−0.11	0.08	0.17	0.32*	0.24	0.19	1.00		
K_2O	0.57**	0.02	0.51**	0.58**	0.56**	0.43*	0.32	0.22	1.00	
P_2O_5	−0.31	−0.36	−0.30	−0.29	0.56**	0.01	0.07	0.65**	−0.27	1.00

注:**表示在0.01级别上相关性显著;*表示在0.05级别上相关性显著。

另外,CaO和MgO表现出较好的相关性(相关系数为0.82,图5-1F),表明Ca和Mg可能主要以碳酸盐矿物的形式赋存于煤中。此外,Fe_2O_3与CaO也表现出一定的正相关性(相关系数为0.38),Fe_2O_3与MgO表现出较好的相关性(相关系数为0.52),说明至少有部分Fe赋存于含Mg的碳酸盐矿物中。

与P_2O_5相关性较好的主要有Na_2O(相关系数为0.65,图5-1G)和Fe_2O_3(相关系数为0.56,图5-1H),表明Na与Fe可能部分赋存于磷酸盐矿物中。

在苏村煤矿(5号采样点)和高河煤矿(8号采样点)由上至下分别采取了16件和14件煤系样品。选取这两个位置所取煤系样品的常量元素作垂向分布特征分析。

苏村煤矿煤中灰分产率(A_d)和常量元素的垂向分布特征如图5-2所示,煤的灰分产率在剖面上由底至顶呈逐渐递减的趋势,在剖面底部煤层中灰分产率最高,其次在中下部靠近夹矸的煤层中灰分产率也较高。煤中SiO_2、Al_2O_3、Na_2O和TiO_2含量在垂向上的变化趋势基本与灰分产率的相似,表明这些元素可能主要以无机结合态赋存于煤中。此外,SiO_2、Al_2O_3、Na_2O和TiO_2的含量在煤中较低,在顶底板和夹矸中相对较高,也体现了这些元素在含煤岩系中的赋存状态主要为无机结合态。CaO含量在顶底板和夹矸中较低,在煤层中相对较高,且在剖面中上部煤层中含量最高,MgO在垂向上的变化趋势与CaO的相似。CaO和MgO的这种变化趋势可能主要受控于含煤岩系中碳酸盐矿物的含量变化。

高河煤矿煤中灰分产率(A_d)和常量元素的垂向分布如图5-3所示,煤的灰分产率在剖面上由底至顶呈递减趋势,SiO_2、Al_2O_3、Na_2O和TiO_2含量在垂向上的变化趋势和灰分产率的相似,且其含量在煤中含量较低,顶底板和夹矸中及靠近夹矸煤层中的相对较高,表明这些元素主要以无机结合态赋存于含煤岩系中。CaO含量在顶底板和夹矸中含量较低,在靠近顶底板煤层中的含量相对较高。MgO在垂向上的变化趋势与CaO的相似,这种变化趋势可能主要受碳酸盐矿物含量变化的影响。

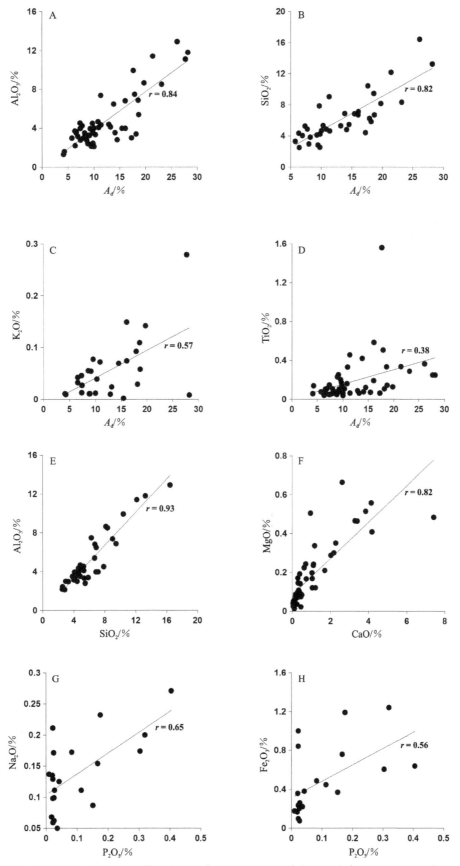

图 5-1 沁水盆地山西组 3 号煤中常量元素之间及常量元素与灰分产率(A_d)间相关性散点图

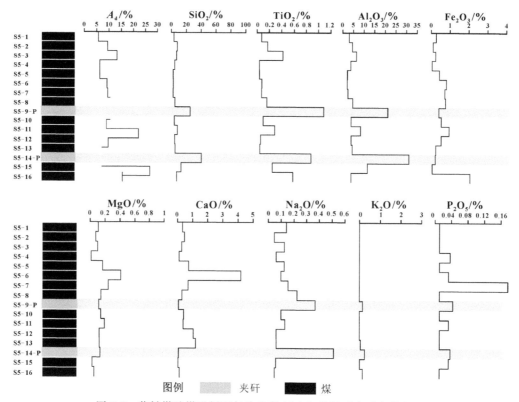

图 5-2 苏村煤矿煤系剖面灰分产率(A_d)和常量元素垂向特征图

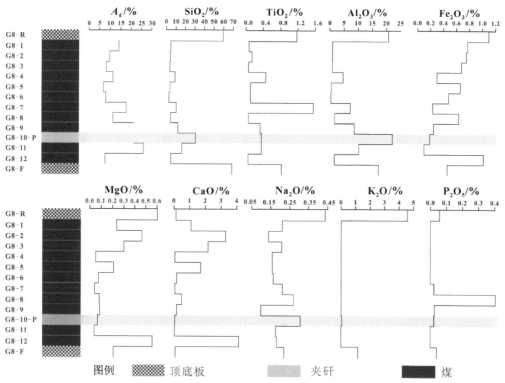

图 5-3 高河煤矿煤系剖面灰分产率(A_d)和常量元素的垂向特征图

二、煤层顶底板和夹矸中常量元素特征

沁水盆地山西组 3 号煤顶底板中的常量元素组成以 Si 和 Al 为主,其氧化物 SiO_2 的含量为 54.86%~68.89%,平均值为 59.8%,Al_2O_3 的含量为 14.1%~35.1%,平均值为 21.83%;其次为 Fe 和 K,其氧化物 Fe_2O_3 的含量为 0.45%~5.29%,平均值为 2.12%,K_2O 的含量为 0.75%~4.59%,平均值为 2.89%;Ca、Mg、Mn、Na、P 和 Ti 含量较低,其氧化物含量多低于 1%(表 5-1)。沁水盆地山西组 3 号煤顶底板中 SiO_2/Al_2O_3 值平均值为 2.81,远高于高岭石的理论值(1.18),表明该地区煤层顶底板中存在较多 Si,这主要是由于顶底板中含有较多的石英。煤层顶底板的 XRD 测试结果也显示,研究区煤层顶底板中矿物以石英为主,占比达 65% 以上(表 4-1)。

夹矸中常量元素组成以 Si 和 Al 为主,其氧化物 SiO_2 的含量为 25.14%~40.79%,平均值为 32.29%,Al_2O_3 的含量为 19.4%~31.3%,平均值为 24.33%;其次为 Fe、K、Na 和 Mg,其氧化物 Fe_2O_3 的含量为 0.182%~1.26%,平均值为 0.45%,K_2O 的含量为 0.063%~3.06%,平均值为 0.77%,Na_2O 的含量为 0.308%~0.559%,平均值为 0.46%,MgO 的含量为 0.069%~0.137%,平均值为 0.21%;Ca、Mn 和 P 含量较低,对应元素氧化物的含量均低于 0.1%。相比于顶底板,夹矸中 SiO_2 的含量明显降低,但仍明显高于煤中 SiO_2 的含量。

第二节 微量元素

为了更全面地反映沁水盆地山西组 3 号煤中微量元素含量的整体特征,使得数据具有可对比性,本节采用富集系数进行描述。根据 Dai 等(2015b)提出的富集系数 CC 值分类标准,并与 Dai 等(2012a)报道的中国煤均值相比,本节中沁水盆地山西组 3 号煤中微量元素富集系数(CC)主要指的是所研究的煤中微量元素均值/中国煤中微量元素均值,其中,中国煤中微量元素含量均值来自于 Dai 等(2012a),CC<0.5 指示亏损,0.5<CC<2 指示相似,2<CC<5 指示轻度富集,5<CC<10 指示富集。

晋城市陵川县杨村乡(1 号采样点)煤中微量元素富集系数 CC 值在 0.5~2 之间的元素有 Li(61.2μg/g)、Cr(9.86μg/g)、Cu(8.96μg/g)、Ga(4.24μg/g)、Sr(215μg/g)、Ba(151μg/g)、Pb(11.9μg/g) 和 Th(4.11μg/g),其 CC 值分别为 1.93、0.64、0.51、0.65、1.54、0.95、0.79 和 0.70,表明该地区这些元素的含量和中国煤的接近;其他元素的 CC 值小于 0.5,表明在该地区这些元素亏损(表 5-3,图 5-4)。

与中国煤均值相比,晋城市下村镇上寺头村王坡煤矿(2 号采样点)煤中 Li(79.0μg/g,CC=2.48) 和 Sr(339μg/g,CC=2.42) 的 CC 值在 2~5 之间,为轻度富集;CC 值在 0.5~2 之间的元素有 Cu(15.7μg/g)、Ga(6.98μg/g)、Ba(115μg/g)、W(0.631μg/g) 和 Pb(10.1μg/g),其 CC 值分别为 0.90、1.07、0.72、0.58 和 0.67,表明该地区这些元素的含量与中国煤的接近;其他元素相对中国煤的富集系数小于 0.5,表明在该研究区煤中这些元素相对于中国煤是亏损的(表 5-3,图 5-5)。

晋城市阳城县建材陶瓷厂(3 号采样点)煤中轻度富集的元素有 Li 96.3~110.01μg/g,平均值为 103.21μg/g,Sr 220~876μg/g,平均值为 456.8μg/g 和 Th 7.33~20.3μg/g,平均值为 13.4μg/g,这些元素相对中国煤的富集系数分别为 3.25、3.26 和 2.29;元素含量与中国煤相似(0.5<CC<2)的元素有 Be、Sc、Cr、Ni、Cu、Ga、Y、Zr、Nb、Mo、Ba、Hf、Ta、W、Pb、Bi 和 U;其他元素 V、Co、Zn、Rb、Cd 和 Cs 的 CC 值小于 0.5,指示亏损(表 5-3,图 5-6)。

表 5-3　沁水盆地山西组 3 号煤、顶底板和夹矸中微量元素的含量及 Li/Al 值和 Li/Si 值统计表

(单位：μg/g)

样品编号	Li	Be	Sc	V	Cr	Co	Ni	Cu	Zn	Ga	Rb	Sr	Zr	Nb	Mo	Cd	Cs	Ba	Hf	Ta	W	Pb	Bi	Th	U	Li/Al$_2$O$_3$	Li/SiO$_2$
P1-R	178	3.65	19.6	96.2	105	4.03	12.8	28.3	145	27.5	88.6	78.4	311	24.5	0.994	0.464	6.71	271	7.66	1.44	2.68	72.3	0.774	19.9	5.25	8.17	2.91
P1-1	61.2	0.746	1.88	2.74	9.86	2.06	3.55	8.96	5.76	4.24	1.53	215	37.2	2.39	1.05	0.036	0.120	151	0.987	0.188	0.442	11.9	0.237	4.11	0.891	18.40	11.51
P1-F	99.3	4.56	19.9	91.1	102	13.3	29.5	29.4	128	27.1	103	211	290	23.1	1.05	0.291	5.25	333	7.34	1.33	2.18	35.7	0.406	18.9	4.06	4.76	1.69
X2-R	53.2	4.17	20.3	75.2	96.8	19.7	33.5	53.1	121	28.5	128	254	223	22.1	0.926	0.351	6.62	669	5.49	1.29	2.09	72.4	0.506	17.5	3.86	2.53	0.87
X2-1	79.0	0.700	1.78	2.77	7.05	1.69	3.03	15.7	5.26	6.98	1.45	339	30.1	2.38	0.984	<0.05	0.120	115	0.822	0.133	0.631	10.1	0.192	2.66	0.882	19.21	14.98
X2-F	92.9	5.61	20.8	110	101	14.5	33.1	33.7	131	28.6	115	377	323	25.1	1.07	0.280	7.65	519	7.49	1.50	2.49	39.6	0.582	20.1	3.93	4.25	1.69
J3-R	11.7	3.36	15.8	24.2	70.0	16.2	25.8	25.2	134	22.0	83.5	111	167	12.0	0.670	0.262	1.56	475	4.05	0.654	0.906	64.2	0.134	14.5	1.84	0.64	0.17
J3-1	110	1.30	3.08	3.11	14.8	5.25	14.7	16.9	13.2	11.4	3.37	876	44.7	4.34	3.62	<0.05	0.251	298	1.30	0.292	1.11	21.3	0.316	7.33	1.71	12.71	13.50
J3-2	96.3	1.01	4.16	6.07	8.78	2.29	8.58	12.7	7.64	14.4	3.80	220	133	13.5	1.17	<0.05	0.432	73.4	3.62	0.676	1.11	18.0	0.464	12.5	3.37	14.15	14.35
J3-3	103	1.00	5.41	5.78	16.3	2.24	5.89	20.9	12.1	9.83	3.38	275	184	14.8	1.34	<0.05	0.239	102	4.47	1.09	1.33	24.1	0.621	20.3	3.92	13.82	16.51
J3-F	107	6.21	21.0	34.7	94.9	8.14	14.4	52.3	98.4	32.6	100	65.2	312	26.2	1.15	0.225	6.12	391	7.63	1.55	2.68	33.1	0.496	20.7	4.21	4.35	1.87
N4-R	53.7	4.51	20.5	52.3	90.4	20.9	24.9	43.2	161	27.5	140	156	244	21.5	1.12	0.432	6.76	486	6.00	1.26	2.17	30.5	0.392	17.4	3.69	2.61	0.90
N4-1	67.3	1.53	2.16	2.41	9.73	2.22	5.78	9.13	3.45	10.1	0.542	248	39.8	3.87	1.07	<0.05	0.052	147	1.04	0.147	1.14	18.1	0.162	2.66	1.59	22.51	15.26
N4-F	41.5	4.64	19.6	29.7	87.3	16.6	21.1	44.6	78.3	28.4	149	152	232	21.1	1.12	0.269	6.65	642	5.60	1.19	2.23	39.9	0.469	17.2	3.65	2.01	0.67
S5-1	37.6	0.642	1.21	2.35	6.95	2.50	12.5	11.8	2.48	7.57	0.266	121	41.6	4.25	2.31	<0.05	0.043	106	1.09	0.158	0.695	8.73	0.213	2.64	1.62	12.63	11.38
S5-2	49.5	8.24	8.50	7.30	10.2	16.1	15.9	13.6	3.98	7.54	1.18	85.6	119	4.01	0.953	<0.05	0.070	71.7	1.92	0.117	0.282	12.0	0.094	2.48	2.74	11.03	6.30
S5-3	55.8	0.822	3.47	14.5	28.8	2.11	6.07	32.0	8.18	8.96	0.955	80.7	171	9.37	1.70	0.127	0.126	97.5	4.66	0.705	0.979	33.4	0.817	11.3	2.00	8.60	8.10
S5-4	41.6	1.30	1.12	1.64	4.31	20.5	15.8	7.79	1.17	6.67	0.345	78.7	62.9	1.58	2.70	<0.05	<0.05	75.9	1.54	0.076	1.18	9.52	0.149	2.99	0.972	11.25	9.56
S5-5	33.3	0.532	0.562	0.778	4.63	1.65	6.02	5.16	1.68	5.15	0.207	129	29.5	1.05	2.70	<0.05	<0.05	94.9	0.702	0.051	0.956	6.19	0.097	0.752	0.285	15.33	13.39
S5-6	42.9	0.466	1.45	2.25	5.62	1.61	5.87	6.39	7.00	6.27	0.203	298	60.4	4.64	1.76	<0.05	<0.05	84.6	1.27	0.099	0.527	5.97	0.096	1.53	0.798	20.09	15.26
S5-7	51.7	0.611	1.02	1.27	7.01	1.11	2.78	10.5	0.860	3.75	0.275	401	25.7	2.37	0.514	<0.05	0.058	141	0.660	0.111	0.187	3.18	0.084	1.91	0.697	21.20	20.34

第五章 煤中元素含量及其分布特征

续表 5-3

样品编号	Li	Be	Sc	V	Cr	Co	Ni	Cu	Zn	Ga	Rb	Sr	Zr	Nb	Mo	Cd	Cs	Ba	Hf	Ta	W	Pb	Bi	Th	U	Li/Al₂O₃	Li/SiO₂
S5-8	142	0.880	2.40	2.64	10.5	0.950	1.56	21.2	2.52	6.95	0.582	169	46.4	5.97	0.729	<0.05	0.085	155	1.20	0.349	0.604	17.1	0.319	5.04	1.58	30.43	29.36
S5-9-P	368	2.57	10.00	6.98	23.9	0.164	5.54	35.5	15.4	14.1	6.19	140	214	38.7	2.98	0.309	0.551	224	5.61	3.85	5.71	12.3	1.06	27.2	5.71	17.29	14.64
S5-10	97.5	0.732	1.43	2.02	8.82	1.28	1.75	14.7	1.27	6.86	0.323	106	43.9	2.40	1.03	<0.05	0.060	69.8	1.14	0.162	0.439	8.79	0.223	2.95	0.917	24.70	23.78
S5-11	192	1.20	5.30	4.38	14.8	0.672	1.65	21.5	5.99	5.57	1.70	112	98.9	5.18	1.15	0.074	0.212	117	2.59	0.372	0.659	23.4	0.488	5.69	1.83	22.52	23.03
S5-12	37.6	0.822	2.33	1.14	6.10	1.27	2.49	6.76	1.82	9.63	1.49	146	51.1	3.35	1.34	<0.05	0.128	83.7	1.44	0.131	0.711	10.1	0.093	4.47	1.86	9.43	8.09
S5-13	63.4	1.45	1.94	0.718	5.32	0.929	3.48	6.31	1.14	8.75	3.71	156	40.9	3.02	1.46	0.038	0.112	112	1.18	0.131	0.492	14.9	0.145	4.32	1.51	13.99	12.05
S5-14-P	234	9.82	8.64	8.11	10.4	0.295	1.96	18.3	15.7	43.0	10.9	131	171	55.1	3.37	0.309	1.47	349	4.95	3.75	5.60	13.3	0.641	24.0	4.83	7.48	5.75
S5-15	152	2.86	9.81	3.43	24.8	0.379	2.32	45.2	6.70	11.2	0.963	69.2	142	9.66	0.949	0.055	0.092	46.5	4.02	0.629	0.922	69.0	0.871	19.1	7.14	12.85	11.44
S5-16	40.4	11.4	24.8	37.3	59.0	29.9	53.7	55.6	13.8	13.4	7.81	272	574	18.3	8.07	0.361	0.447	79.0	7.41	1.13	1.24	179	1.03	14.4	7.18	10.14	5.67
Y6-R	26.1	4.66	20.5	26.6	83.4	9.88	23.0	47.2	130	27.5	154	116	250	21.4	0.689	0.320	8.03	770	5.81	1.22	2.27	32.7	0.444	16.6	3.75	1.34	0.44
Y6-1	9.78	10.4	3.27	5.03	12.4	15.0	11.4	24.4	5.30	7.36	3.20	202	42.9	1.97	2.13	<0.05	0.226	625	1.09	0.130	0.503	8.26	0.252	2.65	1.19	3.48	1.80
Y6-2	47.3	8.95	13.6	10.6	22.9	5.02	23.6	27.6	113	13.1	4.77	124	162	7.87	1.07	0.254	0.493	526	3.83	0.696	1.09	74.6	0.555	15.9	6.45	6.89	5.01
Y6-3	22.7	1.74	1.21	1.94	6.18	5.14	10.8	11.9	5.12	7.81	0.868	67.6	37.0	2.50	4.44	0.012	0.122	82.0	1.07	0.195	1.20	10.9	0.154	3.26	1.00	5.72	3.31
Y6-4	9.75	2.35	3.15	2.18	6.42	10.3	12.9	9.89	5.43	14.5	2.09	66.2	132	9.66	2.58	0.068	0.207	85.8	3.45	0.540	1.38	21.9	0.366	9.43	3.39	2.87	1.67
Y6-F	120	3.89	15.5	22.8	66.2	2.78	10.0	29.0	79.9	34.5	54.6	91.6	314	22.6	1.75	0.182	4.26	1006	7.99	1.25	1.79	41.8	0.392	22.8	4.74	4.79	2.15
M7-R	88.3	3.03	14.6	34.3	66.0	3.14	11.7	38.2	28.6	25.6	97.9	66.0	286	22.7	1.42	0.144	8.24	392	6.73	1.39	2.33	40.4	0.585	20.0	4.60	4.39	1.58
M7-1	56.8	11.7	30.6	44.5	42.0	24.5	63.2	146	95.6	28.8	3.37	117	671	9.81	6.83	0.355	0.476	1493	7.09	0.292	1.27	119	0.255	6.56	17.9	10.53	8.50
M7-F	1818	5.66	16.7	26.4	63.9	6.29	29.8	71.1	50.8	32.4	40.3	74.2	293	33.8	3.40	0.231	5.16	255	7.81	2.15	3.41	46.0	1.26	25.1	9.22	76.00	32.55
G8-R	36.9	4.73	21.9	51.1	106	4.47	12.8	47.1	29.1	28.7	186	165	258	23.1	0.543	0.083	8.17	904	6.41	1.36	2.40	18.9	0.426	18.8	3.41	1.58	0.62
G8-1	84.6	0.841	1.79	2.14	7.84	0.755	2.26	16.1	2.33	5.53	0.508	5363	31.0	2.78	0.672	<0.05	<0.05	140	0.869	0.113	0.260	9.59	0.112	2.49	1.35	23.88	17.65
G8-2	85.0	0.947	0.765	3.95	7.68	1.82	4.79	16.3	4.02	7.59	0.361	337	54.0	6.39	2.26	0.017	<0.05	118	1.27	0.250	1.38	33.0	0.559	2.21	1.22	23.97	20.04

续表 5-3

样品编号	Li	Be	Sc	V	Cr	Co	Ni	Cu	Zn	Ga	Rb	Sr	Zr	Nb	Mo	Cd	Cs	Ba	Hf	Ta	W	Pb	Bi	Th	U	Li/Al$_2$O$_3$	Li/SiO$_2$
G8-3	78.4	0.908	1.23	2.26	7.70	0.941	3.06	8.92	1.55	3.06	0.318	258	25.7	1.93	0.916	<0.05	<0.05	112	0.703	0.116	0.400	6.12	0.151	2.84	0.677	22.32	20.58
G8-4	116	1.32	5.43	4.53	16.1	0.486	1.80	16.9	7.44	4.89	0.888	118	147	11.9	0.441	0.130	0.088	155	4.43	1.23	1.76	15.2	0.718	21.1	3.05	15.80	12.91
G8-5	70.5	0.741	1.53	3.52	9.25	1.20	4.69	11.3	3.04	6.60	0.361	283	41.6	2.87	0.975	<0.05	<0.05	124	1.04	0.144	0.648	8.84	0.236	2.28	0.986	22.47	17.48
G8-6	61.3	0.863	1.13	4.60	9.45	1.14	4.09	12.0	2.63	5.65	0.236	141	51.5	3.11	1.29	<0.05	<0.05	108	1.27	0.122	0.931	7.49	0.161	2.13	0.751	20.52	20.77
G8-7	140	1.28	6.35	6.51	15.9	0.650	3.83	34.5	29.4	12.3	2.65	163	359	49.7	3.41	0.639	0.232	193	9.61	4.41	9.07	22.9	1.65	41.5	5.75	14.10	13.45
G8-8	123	0.943	2.61	2.16	7.37	1.41	5.68	7.85	2.05	17.4	0.546	597	76.2	5.42	0.952	<0.05	0.062	225	1.89	0.131	0.726	17.2	0.189	4.73	3.14	28.43	26.75
G8-9	252	2.79	12.5	4.00	19.5	0.513	4.55	26.8	7.98	10.5	0.711	104	374	14.4	1.20	0.094	0.108	82.3	9.82	1.35	1.68	77.8	1.43	58.7	7.04	22.08	20.72
G8-10-P	199	2.11	11.4	4.77	12.3	0.288	3.17	16.6	7.00	28.3	3.63	122	246	25.2	0.753	0.127	0.373	206	7.37	1.95	2.33	24.7	0.933	43.0	4.64	8.02	6.44
G8-11	274	3.54	9.79	3.61	31.0	0.225	3.15	25.6	7.02	15.8	1.89	89.4	163	16.5	0.533	<0.05	0.237	81.9	4.93	1.40	1.94	25.5	0.985	37.3	6.77	21.29	16.65
G8-12	99.4	0.857	0.798	4.04	7.17	1.16	4.19	6.45	2.05	4.81	0.435	414	32.9	4.10	1.11	<0.05	0.048	124	0.851	0.100	0.823	7.47	0.144	1.61	0.986	23.35	20.49
G8-F	94.7	2.40	14.6	26.3	50.8	12.4	13.1	18.7	195	24.5	40.5	80.8	349	24.9	0.602	0.461	1.58	219	7.84	1.40	1.27	28.3	0.108	16.7	3.26	4.76	1.37
X-R	45.1	5.95	14.8	125	62.4	4.57	15.2	94.1	27.9	36.8	125	325	229	23.9	1.19	0.278	8.15	1121	7.82	1.26	1.89	34.2	0.422	30.4	9.35	1.90	—
X-1	65.1	0.759	3.39	16.8	9.62	3.31	6.76	23.7	12.4	4.18	3.62	194	62.0	5.56	2.13	0.065	0.270	229	1.60	0.380	1.05	11.5	0.273	6.57	1.06	16.81	—
X-2	79.6	0.689	2.37	8.43	14.7	0.747	1.47	15.8	5.03	4.91	1.77	120	55.8	5.12	0.785	0.026	0.180	150	1.39	0.350	1.15	6.37	0.177	4.54	1.28	24.42	—
X-3-P	119	3.87	10.8	32.8	25.3	1.08	5.06	41.7	7.43	32.4	16.5	274	234	26.5	2.12	0.296	1.15	359	6.74	1.41	1.59	34.0	1.57	33.1	5.66	6.12	—
X-4	54.7	0.750	2.46	9.71	8.47	1.08	2.89	29.2	4.44	7.40	1.67	356	40.7	2.85	0.744	0.024	0.128	135	1.10	0.141	0.708	13.3	0.341	4.25	1.51	19.85	—
X-5	154	2.18	12.1	13.4	16.7	1.48	4.69	28.6	9.42	13.7	12.1	238	135	11.5	0.650	0.126	0.599	298	4.00	0.934	1.42	23.8	0.711	42.4	4.31	13.86	—
X-6	22.0	8.87	5.55	25.1	19.1	5.75	9.46	20.7	5.98	8.28	0.360	116	44.8	3.70	0.837	0.023	0.054	54.0	1.16	0.227	1.41	6.83	0.155	5.08	1.10	13.84	—
X-F	68.8	4.68	15.5	105	70.7	8.90	19.1	13.6	16.2	32.9	141	221	332	24.3	0.967	0.229	9.35	763	8.14	0.991	1.41	29.9	0.418	21.0	5.01	3.03	—
D-R	149	5.29	17.0	71.2	28.2	9.89	20.9	18.7	455	35.8	32.1	156	191	23.1	1.05	1.03	2.79	360	9.02	1.81	1.40	78.1	1.16	30.0	8.05	4.23	—
D-1	75.4	1.01	3.95	22.4	14.5	1.69	4.04	35.2	6.32	10.5	10.2	79.7	89.6	4.65	0.606	0.052	0.667	138	2.16	0.273	0.464	20.4	0.517	7.10	2.42	20.77	—

续表 5-3

样品编号	Li	Be	Sc	V	Cr	Co	Ni	Cu	Zn	Ga	Rb	Sr	Zr	Nb	Mo	Cd	Cs	Ba	Hf	Ta	W	Pb	Bi	Th	U	Li/Al$_2$O$_3$	Li/SiO$_2$
D-2	76.7	0.942	3.78	11.8	19.1	0.985	2.43	27.1	8.31	4.76	2.29	323	75.0	6.39	1.21	0.051	0.171	154	1.93	0.422	1.39	8.29	0.226	5.64	1.32	18.95	—
D-3-P	165	3.70	8.51	24.2	14.9	0.730	8.37	57.3	14.1	37.9	16.2	173	236	43.2	3.26	0.268	1.24	313	6.75	3.02	3.35	15.9	1.04	32.9	5.68	6.94	—
D-4	45.2	0.566	1.48	9.52	5.91	1.46	4.84	9.38	3.96	6.67	0.666	87.5	27.9	1.77	0.901	0.007	0.066	83.1	0.805	0.111	1.11	8.88	0.120	2.13	0.648	16.28	—
D-5	42.9	1.14	2.25	9.19	7.07	2.70	5.26	15.8	5.52	6.40	1.37	145	32.8	2.65	0.540	0.021	0.124	65.9	0.922	0.227	0.607	10.2	0.188	3.19	1.08	12.25	—
D-6	18.3	2.13	2.36	13.8	9.01	3.11	27.4	12.0	6.68	3.44	0.492	89.1	20.7	2.12	0.537	0.020	0.064	37.4	0.594	0.123	0.800	6.08	0.168	2.17	0.720	14.16	—
D-F	56.4	2.57	10.8	79.5	50.9	12.4	16.3	15.6	94.0	23.8	69.9	310	297	22.5	0.858	0.256	3.08	426	7.45	1.25	1.81	16.1	0.215	16.7	3.54	3.66	—
M-R	17.0	1.87	11.5	94.7	61.9	6.46	11.5	12.6	47.8	18.2	89.6	185	945	5.62	0.927	0.121	1.62	603	22.6	0.078	0.080	19.9	0.103	33.4	4.79	1.21	—
M-1	55.6	0.551	1.82	8.44	5.55	2.29	10.7	11.9	5.60	5.38	0.331	224	23.5	1.80	2.22	0.042	0.040	133	0.596	0.090	0.995	9.08	0.129	1.56	0.456	23.02	—
M-2	57.2	0.661	3.06	15.2	10.1	1.19	7.44	10.3	6.45	4.39	0.340	160	60.1	5.61	1.51	0.057	0.055	116	1.34	0.355	1.01	9.41	0.184	5.18	0.943	17.52	—
M-3	112	0.653	3.24	12.0	8.22	0.813	2.95	19.3	4.66	6.15	0.393	194	46.6	5.64	1.15	0.056	0.055	110	1.21	0.210	0.403	15.4	0.288	6.26	2.36	25.55	—
M-4-P	57.8	3.28	18.2	137	80.9	12.1	24.5	28.8	84.3	32.8	140	256	344	16.6	0.980	0.322	8.93	809	8.63	0.731	0.877	29.8	0.426	22.6	4.35	2.28	—
M-5	56.9	0.470	1.74	6.71	5.03	1.56	7.95	6.92	3.73	4.14	0.187	986	17.8	1.31	2.61	0.051	0.028	143	0.462	0.066	0.452	6.86	0.095	1.74	0.490	27.11	—
M-6	82.9	0.832	2.87	9.11	12.0	1.37	7.15	20.5	4.72	3.93	0.502	564	36.0	2.56	1.01	0.048	0.102	176	0.981	0.173	0.504	7.07	0.230	3.42	0.764	20.96	—
M-F	66.4	3.78	18.9	144	85.5	14.6	29.5	40.7	158	34.2	144	274	273	17.3	0.756	0.418	8.87	782	6.65	0.685	0.692	36.8	0.458	19.9	4.34	2.77	—

注：表中 Li/Al$_2$O$_3$ 和 Li/SiO$_2$ 的数量级为 10^{-4}；"—" 表示未计算。

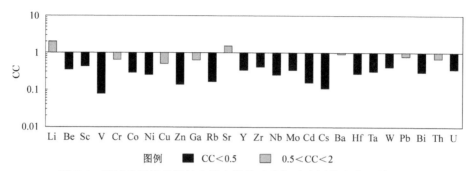

图 5-4 晋城市陵川县杨村乡煤中微量元素相对中国煤富集系数(CC)

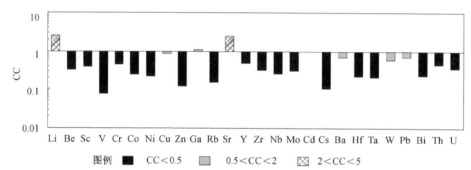

图 5-5 晋城市下村镇上寺头村王坡煤矿煤中微量元素相对中国煤富集系数(CC)

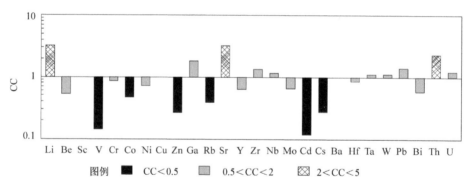

图 5-6 晋城市阳城县建材陶瓷厂煤中微量元素相对中国煤富集系数(CC)

长治市长治县西火镇南大掌村(4号采样点)煤中仅 Li(67.3μg/g)轻度富集,CC 值为 2.12;元素含量与中国煤相似的元素有 Be(1.53μg/g)、Cr(9.73μg/g)、Cu(9.13μg/g)、Ga(10.1μg/g)、Sr(248 μg/g)、Y(10.2μg/g)、Ba(147μg/g)、W(1.14μg/g)、Pb(18.1μg/g)和 U(1.59μg/g),这些元素的 CC 值分别为 0.73、0.63、0.52、1.55、1.77、0.56、0.92、1.06、1.2 和 0.65;其他元素的 CC 值小于 0.5,指示亏损(表 5-3,图 5-7)。

长治市苏村煤矿(5号采样点)煤中仅 Li(33.3～192μg/g,平均值为 74.1μg/g)轻度富集,CC 值为 2.33;元素含量与中国煤相似的元素有 Be、Sc、Cr、Co、Ni、Cu、Ga、Sr、Y、Zr、Nb、Mo、Ba、Hf、W、Pb、Th 和 U,这些元素的 CC 值分别为 1.08、1.07、0.91、0.82、0.69、1.06、1.18、1.13、0.61、1.20、0.57、0.63、0.60、0.59、0.65、1.90、0.97 和 0.92;其他元素的 CC 值小于 0.5,指示亏损(表 5-3,图 5-8)。

阳泉市郊区规划和自然资源局旁露天采空煤广场(6号采样点)煤中仅 Be(1.74～10.4μg/g,平均值为 5.9μg/g)轻度富集,CC 值为 2.78;元素含量与中国煤相似的元素有 Li、Sc、Cr、Co、Ni、Cu、Ga、Sr、Y、Zr、Nb、Mo、Ba、Hf、Ta、W、Pb、Th 和 U;其他元素的 CC 值小于 0.5,指示亏损(表 5-3,图 5-9)。

晋中市左权县墨镫乡(7号采样点)煤中富集的元素包括 Be、Sc、Cu、Zr、Ba、Pb 和 U,其 CC 值分别为

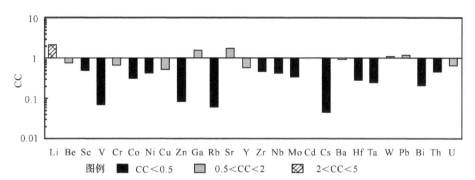

图 5-7　长治市长治县西火镇南大掌村煤中微量元素相对中国煤富集系数(CC)

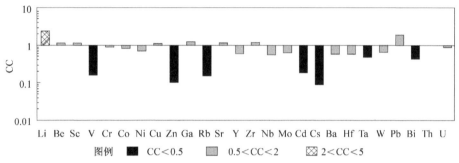

图 5-8　长治市苏村煤矿煤中微量元素相对中国煤富集系数(CC)

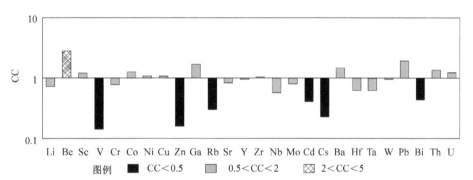

图 5-9　阳泉市郊区规划和自然资源局旁露天采空煤广场煤中微量元素相对中国煤富集系数(CC)

5.56、6.99、8.32、7.49、9.39、7.88 和 7.37；轻度富集的元素有 Cr、Co、Ni、Zn、Ga、Y 和 Mo，这些元素的 CC 值分别为 2.72、3.46、4.61、2.31、4.4、3.54、2.22；元素含量与中国煤相似的元素有 Li、V、Sr、Nb、Cd、Hf、W 和 Th，其 CC 值分别为 1.78、1.27、0.83、1.04、1.42、1.91、1.18 和 1.12；Rb、Cs、Ta 和 Bi 的 CC 值小于 0.5，指示亏损(表 5-3，图 5-10)。

长治市高河煤矿(8 号采样点)煤中 Li(61.3～274μg/g，平均值为 125.8μg/g)和 Th(1.61～58.7μg/g，平均值为 16.1μg/g)轻度富集，CC 值分别为 3.96 和 2.76；煤中元素含量与中国煤相似的元素有 Be、Sc、Cr、Cu、Ga、Sr、Y、Zr、Nb、Ba、Hf、Ta、W、Pb、Bi 和 U，其 CC 值分别为 0.64、0.91、0.82、0.95、1.31、1.87、0.59、1.38、1.15、0.84、0.90、1.37、1.65、1.39、0.73 和 1.19；其他元素的 CC 值低于 0.5，指示亏损(表 5-3，图 5-11)。

晋城市沁水县寺河煤矿(9 号采样点)煤中元素含量与中国煤相似的元素有 Li、Be、Sc、Cr、Ni、Cu、Ga、Sr、Y、Zr、Ba、Ta、W、Pb、Th 和 U，其 CC 值分别为 1.99、0.90、0.91、0.81、0.51、1.24、1.07、1.25、0.65、0.65、0.85、0.51、0.94、0.77、1.42 和 0.64；其他元素的 CC 值低于 0.5，指示亏损(表 5-3，图 5-12)。

高平市赵庄煤矿(10 号采样点)煤中 Li(55.6～112μg/g，平均值为 72.9μg/g)和 Sr(160～986μg/g，平

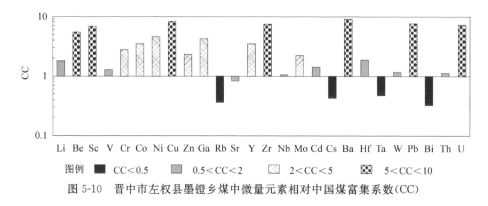

图 5-10 晋中市左权县墨镫乡煤中微量元素相对中国煤富集系数(CC)

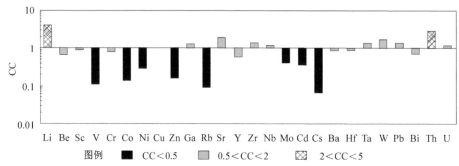

图 5-11 长治市高河煤矿煤中微量元素相对中国煤富集系数(CC)

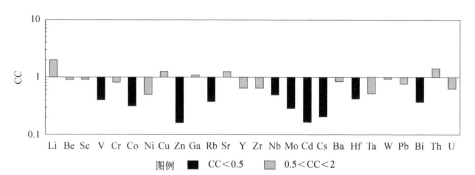

图 5-12 晋城市沁水县寺河煤矿煤中微量元素相对中国煤富集系数(CC)

均值为 425.6μg/g)轻度富集,CC 值分别为 2.29 和 3.04;元素含量与中国煤相似的元素有 Sc、Cr、Ni、Cu、Ga、Mo、Ba、W、Pb 和 Th,其 CC 值分别为 0.58、0.53、0.53、0.79、0.73、0.55、0.85、0.62、0.63 和 0.62;其他元素的 CC 值小于 0.5,指示亏损(表 5-3,图 5-13)。

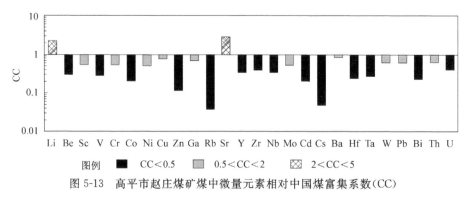

图 5-13 高平市赵庄煤矿煤中微量元素相对中国煤富集系数(CC)

整体而言,与中国煤中微量元素平均含量(Dai et al.,2012a)相比,沁水盆地山西组 3 号煤中 Li(9.78~

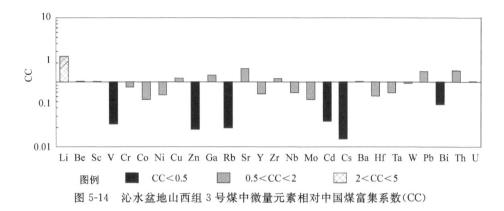

图 5-14 沁水盆地山西组 3 号煤中微量元素相对中国煤富集系数(CC)

274μg/g,平均值为 80.1μg/g)、Be(0.47~11.7μg/g,平均值为 2.17μg/g)、Sc(0.562~30.6μg/g,平均值为 4.55μg/g)、Cu(5.16~146μg/g,平均值为 20.22μg/g)、Ga(3.06~28.8μg/g,平均值为 8.34μg/g)、Sr(66.2~986μg/g,平均值为 229.9μg/g)、Pb(3.18~179μg/g,平均值为 22.23μg/g)、Th(0.75~58.7μg/g,平均值为 8.73μg/g)等元素含量高于中国煤(图 5-14),其中仅 Li 为轻度富集(CC 为 2.52),Be、Sc、Cu、Zr、Ba、W 和 U 含量与中国煤中的含量相当,其 CC 值分别为 1.03、1.04、1.16、1.13 和 1.00;Cr、Co、Ni、Y、Nb、Mo、Hf、Ta 和 W 含量与中国煤中的含量相似,且略低于中国煤;V、Zn、Rb、Cd、Cs 和 Bi 的 CC 值小于 0.5,指示亏损。

与世界硬煤中微量元素平均含量相比(Ketris et al.,2009),沁水盆地山西组 3 号煤中 Li 富集(CC=8.01),Zr(CC=2.88)、Pb(CC=3.37)和 Th(CC=2.65)轻度富集,V、Zn、Rb、Cd、Cs、Bi 和 U 亏损(CC<0.5),其他元素与世界硬煤中微量元素含量接近(0.5<CC<2,图 5-15)。

苏村煤矿(5 号采样点)和高河煤矿(8 号采样点)由上至下分别采取了 16 块和 14 块煤系样品,选取这两个位置所取煤系样品中的微量元素作垂向特征分析。

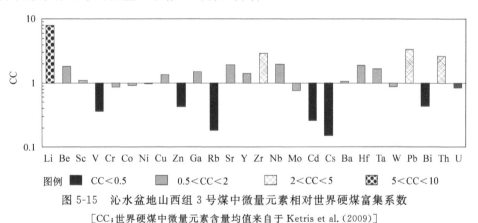

图 5-15 沁水盆地山西组 3 号煤中微量元素相对世界硬煤富集系数
[CC;世界硬煤中微量元素含量均值来自于 Ketris et al.(2009)]

苏村煤矿煤系剖面微量元素 Li 和 Ga 在垂向上的变化特征较为一致(图 5-16),在夹矸中元素含量相对较高,整体上与 Al_2O_3 在垂向上的变化趋势相似,表明 Li 和 Ga 在煤和夹矸中主要赋存于铝硅酸盐矿物中。垂向上,夹矸中的 Li/Al_2O_3 值和 Li/SiO_2 值一般低于煤中的,且夹矸中的 Li/Al_2O_3 值和 Li/SiO_2 值明显低于其邻近的上部及下部煤层中的,说明相比于夹矸,煤中的铝硅酸盐矿物可能具有更强的 Li 赋存能力。V、Cr 和 Cu 在垂向上的变化特征相似(图 5-16),Zr、Nb 和 Th 在垂向上的变化特征相似(图 5-16),表明 V、Cr 和 Cu,以及 Zr、Nb 和 Th 的地球化学性质相似,它们在煤中的赋存状态也相似。

高河煤矿煤系剖面煤中微量元素 Li 和 Sc 在垂向上的变化特征较为相似(图 5-17),且与煤中 Al_2O_3 的变化趋势一致,可能说明煤中的 Li 主要赋存于铝硅酸盐矿物中。总体上,从剖面底部到顶部,Li 在煤中的含量逐渐降低。Li 在夹矸和顶底板中的含量低于煤中的,与苏村剖面所表现出来的规律不一致。

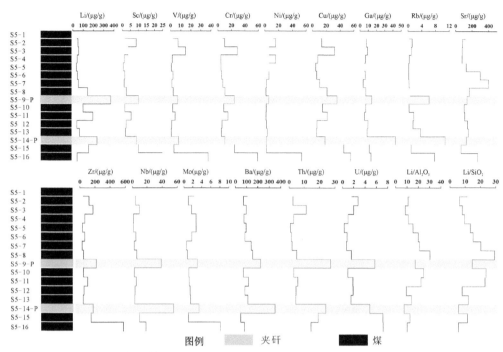

图 5-16 苏村煤矿煤系剖面微量元素及 Li/Al$_2$O$_3$ 值和 Li/SiO$_2$ 值的垂向特征图

此外,顶底板和夹矸中 Li/Al$_2$O$_3$ 值和 Li/SiO$_2$ 值一般低于煤中的,且夹矸中 Li/Al$_2$O$_3$ 值和 Li/SiO$_2$ 值明显低于其邻近的上部及下部煤层,可能说明相比于夹矸和顶底板,煤中的铝硅酸盐矿物具有更强的 Li 赋存能力。Cr 和 Cu 在整个煤系剖面中的垂向变化规律相似(图 5-17),它们在夹矸中的含量低于其邻近的上部和下部煤层,且 Cr 和 Cu 的最大含量都出现在顶板中。Zr、Nb、Th 和 U 在整个煤系剖面上表现出相似的规律性(图 5-17),可能指示这 4 个元素具有相似的地球化学性质的元素在煤系样品中的赋存状态相似。此外,虽然 Ga 和 Rb 在整个煤系剖面的垂向变化规律不完全一致,但都表现出在顶底板和夹矸中含量最高,在煤中含量较低的特点(图 5-17)。

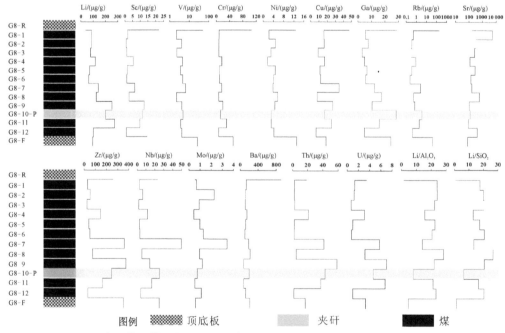

图 5-17 高河煤矿煤系剖面微量元素及 Li/Al$_2$O$_3$ 值和 Li/SiO$_2$ 值的垂向特征图

第三节 稀土元素

稀土元素(rare earth elements,REE)一般指的是原子序数为57～71的15个镧系元素,包括元素La、Ce、Pr、Nd、Pm、Sm、Eu、Gd、Tb、Dy、Ho、Er、Tm、Yb、Lu。在这15个稀土元素中,Pm由3个同位素组成,分别为^{145}Pm、^{146}Pm和^{147}Pm,它们是放射性同位素,其半衰期分别为17.7a、5.55a和2.623 4a,如此短的半衰期使得现在的地质样品中不再存在Pm,因此,煤地球化学研究中所涉及的镧系元素为14个。由于Y的化学性质及地球化学性质与镧系元素相似且密切伴生,因此把Y也归为稀土元素(刘英俊等,1987;Bau,1996b;Seredin et al.,2012a),称为REY(rare earth elements and Y)。

依据不同的划分标准,REY有不同的分类方案。依据稀土元素的供需关系,稀土元素可划分为:紧要的稀土元素(critical REY,包括Nd、Eu、Tb、Dy、Y、Er)、不紧要的稀土元素(uncritical REY,包括La、Pr、Sm、Gd)和过多的稀土元素(excessive REY,包括Ce、Ho、Tm、Yb、Lu)3类(Seredin et al.,2012a)。根据原子序数的差异,稀土元素可分为铈族或轻稀土元素(La、Ce、Pr、Nd、Sm、Eu)和钇族或重稀土元素(Y、Gd、Tb、Dy、Ho、Er、Tm、Yb、Lu)两部分。根据Seredin等(2012a)的分类方案,煤中REY可分为轻稀土LREY(包括元素La、Ce、Pr、Nd、Sm)、中稀土MREY(Eu、Gd、Tb、Dy、Y)、重稀土HREY(Ho、Er、Tm、Yb、Lu)。

煤中稀土元素蕴含了丰富的地质和地球化学信息:稀土元素具有化学性质稳定、均一化程度高、不易受变质作用干扰等独特的地球化学性质,能为地球的形成与演化、岩石、矿床的形成机理及形成条件等提供大量地球化学信息(王中刚等,1989),是研究煤地质成因的良好地球化学指示剂(任德贻等,2006)。煤中稀土元素的含量特征、赋存状态、配分模式以及地球化学参数可以反演煤的地质成因,揭示源区供给并区分不同的物源环境;根据煤中稀土元素的含量变化可以为烃源岩的演化、沉积环境、后生地质构造作用以及岩浆岩侵入等提供相关的证据(Dai et al.,2014;Seredin et al.,2012a;Finkelman et al.,2018)。

常用的稀土元素地球化学参数包括以下几类:

(1)稀土元素总含量ΣREY。指镧系元素(La—Lu,不含Pm)和Y共15种元素的总含量,ΣREY又可分为ΣLREY、ΣMREY、ΣHREY三部分。

(2)轻稀土与重稀土的比值LREY/HREY(L/H)。一定程度上反映了稀土元素的分异富集程度,L/H越大,表明轻稀土相对富集;L/H越小,表明重稀土相对富集。

(3)La_N/Yb_N。指La和Yb经标准化后的比值,反映稀土元素的分异程度,比值越大,表明轻重稀土分异程度越大。同时也可以反映稀土元素标准化图解中配分曲线的斜率,通常,$La_N/Yb_N<1$时,曲线右倾斜;$La_N/Yb_N\approx1$时,曲线近水平;$La_N/Yb_N>1$时,曲线左倾斜。

(4)La_N/Sm_N。指La和Sm经标准化后的比值,反映LREY间的分异程度,该比值越大,表明LREY间的分异程度越大。

(5)Gd_N/Yb_N。指Gd和Yb经标准化后的比值,反映HREY间的分异程度,该比值越大,表明HREY间的分异程度越大。

(6)Ce/Ce*(有时记为δCe)。是评价Ce与其他稀土元素的耦合关系和异常程度的参数。Ce/Ce*>1表示Ce为正异常,Ce/Ce*<1表示Ce为负异常,Ce/Ce*$\approx$1表示Ce无异常。计算公式为:

$$Ce/Ce^* = \frac{Ce_N}{Ce_N^*} = \frac{Ce_N}{\sqrt{La_N + Pr_N}}$$

或者

$$Ce/Ce^* = \frac{Ce_N}{Ce_N^*} = \frac{Ce_N}{0.5La_N + 0.5Pr_N}$$

式中，Ce_N、La_N和Pr_N是研究样品中Ce、La和Pr的标准化值。

(7) Eu/Eu^*（有时记为δEu）。是评价Eu和其他REY元素的耦合关系和异常程度的参数，$Eu/Eu^* > 1$表示Eu为正异常，$Eu/Eu^* < 1$表示Eu为负异常，$Eu/Eu^* \approx 1$表示Eu无异常。计算公式为：

$$Eu/Eu^* = \frac{Eu_N}{Eu_N^*} = \frac{Eu_N}{\sqrt{Sm_N + Gd_N}}$$

或者

$$Eu/Eu^* = \frac{Eu_N}{Eu_N^*} = \frac{Eu_N}{0.5Sm_N + 0.5Gd_N}$$

为了避免Gd异常对Eu异常的影响，Eu/Eu^*还可计算为(Bau et al.,1996a)：

$$Eu/Eu^* = \frac{Eu_N}{Eu_N^*} = \frac{Eu_N}{0.67Sm_N + 0.33Tb_N}$$

式中，Eu_N、Sm_N、Gd_N和Tb_N是研究样品中Eu、Sm、Gd和Tb的标准化值。

一、煤、顶底板和夹矸中稀土元素含量

沁水盆地山西组3号煤、夹矸、顶底板中稀土元素含量及地球化学参数如表5-4所示。晋城市陵川县杨村乡（1号采样点）煤中稀土元素总含量（ΣREY）为64.28μg/g，其中，轻、中、重稀土元素含量分别为53.07μg/g、9.54μg/g和1.67μg/g。La_N/Yb_N[①]值为1.46，La_N/Sm_N值为1.37，Gd_N/Yb_N值为1.24，表明该采样点煤中稀土元素分异程度较弱，轻稀土元素间、重稀土元素间的分异程度也较弱（表5-4）。

晋城市下村镇上寺头村王坡煤矿（2号采样点）煤中稀土元素总含量ΣREY为80.64μg/g，其中，轻、中和重稀土元素含量分别为65.18μg/g、13.43μg/g和2.03μg/g。La_N/Yb_N值为1.65，La_N/Sm_N值为1.32，Gd_N/Yb_N值为1.59，表明该采样点煤中稀土元素分异程度较弱，轻稀土元素间、重稀土元素间的分异程度也较弱（表5-4）。

晋城市阳城县建材陶瓷厂（3号采样点）煤中稀土元素总含量ΣREY为45.22～113.52μg/g，平均值为69.15μg/g，其中，轻稀土为30.36～87.42μg/g，平均值为50.37μg/g；中稀土为12.01～22.53μg/g，平均值为15.7μg/g；重稀土为2.79～3.57μg/g，平均值为3.07μg/g。La_N/Yb_N值为0.22～1.19，变化幅度较大，整体来看，该采样点煤中稀土元素普遍存在一定程度的分异。La_N/Sm_N值为0.34～1.25，变化幅度相对略小，整体来看，该采样点煤中轻稀土元素间亦存在一定程度的分异，但幅度稍小。Gd_N/Yb_N值为0.63～1.15，变化幅度相对较小，整体来看，该采样点煤中重稀土元素间的分异程度相对较弱（表5-4）。

长治市长治县西火镇南大掌村（4号采样点）煤中稀土元素总含量ΣREY为57.42μg/g，其中，轻、中和重稀土元素含量分别为40.76μg/g、14.13μg/g、2.53μg/g。La_N/Yb_N值为0.67，La_N/Sm_N值为0.88，Gd_N/Yb_N值为0.89，表明该采样点煤中稀土元素存在一定程度的分异，轻稀土元素间、重稀土元素间的分异程度相对较弱（表5-4）。

长治市苏村煤矿（5号采样点）煤中稀土元素总含量ΣREY为12.61～124.89μg/g，平均值为55.8μg/g，其中，轻稀土含量为6.61～96.32μg/g，平均值为37.42μg/g；中稀土含量为4.93～45.55μg/g，平均值为15.16μg/g；重稀土含量为1.08～11.67μg/g，平均值为3.22μg/g。La_N/Yb_N值为0.09～

---

① 本研究中，下标N代表大陆上地壳UCC标准化后的值，UCC标准化值来自于Rudnick et al.,2004；后同。

4.21,变化幅度较大,整体来看,该采样点煤中稀土元素普遍存在一定程度的分异。La_N/Sm_N值为0.13~2.1,Gd_N/Yb_N值为0.32~2.5,变化幅度也较大,整体来看,该采样点煤中轻稀土元素间、重稀土元素间亦普遍存在一定程度的分异(表5-4)。

阳泉市郊区规划和自然资源局旁露天采空煤广场(6号采样点)煤中稀土元素总含量ΣREY为67.61~149.83$\mu g/g$,平均值为97.81$\mu g/g$,其中,轻稀土含量为44.1~104.22$\mu g/g$,平均值为68.15$\mu g/g$;中稀土含量为19.75~38.32$\mu g/g$,平均值为24.86$\mu g/g$;重稀土含量为3.74~7.3$\mu g/g$,平均值为4.8$\mu g/g$。La_N/Yb_N值为0.39~0.59,平均值为0.51;La_N/Sm_N值为0.58~0.75,平均值为0.68;Gd_N/Yb_N值为0.78~0.9,平均值为0.84。总体来看,La_N/Yb_N值、La_N/Sm_N值、Gd_N/Yb_N值变化幅度较小。从数值上来看,该采样点煤中稀土元素存在一定程度的分异,轻稀土元素间亦存在一定程度的分异,重稀土元素间的分异程度相对较弱(表5-4)。

晋城市阳城县建材陶瓷厂(7号采样点)煤中稀土元素总含量ΣREY为553.62$\mu g/g$,其中,轻、中和重稀土元素含量分别为435.61$\mu g/g$、100.29$\mu g/g$和17.73$\mu g/g$。La_N/Yb_N值为0.92,La_N/Sm_N值为0.74,Gd_N/Yb_N值为1.34,表明该采样点煤中稀土元素分异程度较弱,轻稀土元素间、重稀土元素间的分异程度相对较强(表5-4)。

长治市高河煤矿(8号采样点)煤中稀土元素总含量ΣREY为18.9~200.7$\mu g/g$,平均值为68.29$\mu g/g$,其中,轻稀土含量为10.5~158.13$\mu g/g$,平均值为49.83$\mu g/g$;中稀土含量为7.02~35.68$\mu g/g$,平均值为15.42$\mu g/g$;重稀土含量为1.39~7.43$\mu g/g$,平均值为3.05$\mu g/g$。La_N/Yb_N值为0.16~2.33,变化幅度较大,整体来看,该采样点煤中稀土元素的分异程度普遍较为明显;La_N/Sm_N值为0.25~1.49,Gd_N/Yb_N值为0.56~1.84,变化幅度也较大,整体来看,该采样点煤中轻稀土元素间、重稀土元素间亦普遍存在一定程度的分异(表5-4)。

晋城市沁水县寺河煤矿(9号采样点)煤中稀土元素总含量ΣREY为48.82~149.78$\mu g/g$,平均值为85.7$\mu g/g$,其中,轻稀土含量为37.48~139.23$\mu g/g$,平均值为66.4$\mu g/g$;中稀土含量为7.64~31.79$\mu g/g$,平均值为16.23$\mu g/g$;重稀土含量为1.29~6.69$\mu g/g$,平均值为3.08$\mu g/g$。La_N/Yb_N值为0.28~6.72,变化幅度大,整体来看,该采样点煤中稀土元素的分异普遍明显。La_N/Sm_N值为0.68~3.9,Gd_N/Yb_N值为0.47~1.53,变化幅度也较大,整体来看,该采样点煤中轻稀土元素间、重稀土元素间亦普遍存在一定程度的分异(表5-4)。

高平市赵庄煤矿(10号采样点)煤中稀土元素总含量ΣREY为18.99~152.97$\mu g/g$,平均值为50.94$\mu g/g$,其中,轻稀土含量为8.25~136.02$\mu g/g$,平均值为40.26$\mu g/g$;中稀土含量为5.8~14.72$\mu g/g$,平均值为9.1$\mu g/g$;重稀土含量为1.1~2.24$\mu g/g$,平均值为1.59$\mu g/g$。La_N/Yb_N值为0.15~3.09,变化幅度较大,整体来看,该采样点煤中稀土元素的分异普遍较为明显。La_N/Sm_N值为0.21~1.72,变化幅度也较大,整体来看,该采样点煤中轻稀土元素间也普遍存在一定程度的分异。Gd_N/Yb_N值为0.72~1.63,整体来看,该采样点煤中重稀土元素间的分异程度相对较小(表5-4)。

总体来看,煤中稀土元素总含量(ΣREY)介于12.61~553.62$\mu g/g$之间,平均值为78.41$\mu g/g$,低于中国煤中ΣREY均值(136$\mu g/g$;Dai et al.,2012a),世界硬煤中ΣREY均值(68$\mu g/g$;Ketris et al.,2009)(表5-4)。其中,轻稀土含量为6.61~435.61$\mu g/g$,平均值为57.95$\mu g/g$;中稀土含量为4.93~100.29$\mu g/g$,平均值为17.13$\mu g/g$;重稀土含量为1.08~17.73$\mu g/g$,平均值为3.33$\mu g/g$。10个采样点中,7号采样点M7-1中ΣREY含量最高(553.62$\mu g/g$),其次为8号采样点样品G8-11(200.7$\mu g/g$),5号采样点样品S5-5中ΣREY含量最低(12.61$\mu g/g$)。

沁水盆地山西组3号煤顶底板中稀土元素总含量ΣREY范围为226.02~549.98$\mu g/g$,平均值为344.6$\mu g/g$。最大值为9号采样点寺河煤矿西井区顶板X-R,最小值为3号采样点阳城县建材陶瓷厂顶板J3-R。夹矸中稀土元素总含量REY范围为116.01~400.36$\mu g/g$,平均值为183.3$\mu g/g$,其中,最大值为10号采样点赵庄煤矿夹矸M-4-P,最小值为5号采样点高河矿夹矸S5-9-P。

表 5-4 沁水盆地山西组 3 号煤、夹矸、顶底板中稀土元素含量及地球化学参数

(单位：$\mu g/g$)

样品编号	La	Ce	Pr	Nd	Sm	Eu	Gd	Tb	Dy	Y	Ho	Er	Tm	Yb	Lu	ΣREY	ΣLREY	ΣMREY	ΣHREY	Ce/Ce*	Eu/Eu*	La$_N$/Yb$_N$	La$_N$/Sm$_N$	Gd$_N$/Yb$_N$
P1-R	72.8	147	15.1	46.5	6.09	0.757	6.25	0.700	4.21	23.1	0.965	2.97	0.506	3.09	0.471	330.60	287.55	35.05	8.01	1.04	0.63	1.49	1.81	0.99
P1-1	14.4	25.4	2.71	9.01	1.58	0.284	1.58	0.198	1.13	6.35	0.230	0.623	0.105	0.624	0.092	64.28	53.07	9.54	1.67	0.95	0.89	1.46	1.37	1.24
P1-F	73.0	150	16.9	60.1	11.0	2.02	9.91	1.25	6.61	36.2	1.40	3.94	0.649	3.90	0.598	377.22	310.78	55.95	10.49	1.00	0.94	1.18	1.01	1.24
X2-R	70.4	144	16.6	59.0	10.9	2.13	10.2	1.24	6.44	36.0	1.34	3.68	0.574	3.50	0.523	366.58	301.00	55.97	9.61	0.99	1.00	1.27	0.98	1.42
X2-1	18.1	31.6	3.18	10.2	2.07	0.429	2.24	0.309	1.55	8.90	0.320	0.804	0.120	0.691	0.096	80.64	65.18	13.43	2.03	0.97	0.97	1.65	1.32	1.59
X2-F	73.4	151	17.1	61.8	11.5	2.08	10.8	1.36	7.53	42.3	1.62	4.44	0.727	4.43	0.671	391.11	315.12	64.11	11.88	1.00	0.91	1.05	0.97	1.20
J3-R	46.2	94.8	10.1	35.3	6.20	1.46	5.93	0.707	3.53	16.9	0.711	1.90	0.290	1.78	0.271	226.02	192.57	28.50	4.95	1.03	1.20	1.64	1.13	1.64
J3-1	24.1	40.8	4.29	15.2	2.94	0.532	3.01	0.437	2.42	16.1	0.498	1.39	0.218	1.28	0.184	113.52	87.42	22.53	3.57	0.94	0.85	1.19	1.25	1.15
J3-2	4.03	14.9	2.03	7.54	1.82	0.347	1.52	0.249	1.60	8.29	0.352	1.00	0.182	1.14	0.167	45.22	30.36	12.01	2.85	1.14	0.92	0.22	0.34	0.65
J3-3	7.54	15.9	1.83	6.51	1.51	0.280	1.45	0.250	1.55	9.04	0.356	0.964	0.176	1.12	0.174	48.70	33.34	12.57	2.79	1.01	0.84	0.42	0.76	0.63
J3-F	66.6	135	15.9	57.1	10.6	1.22	8.76	1.19	6.31	32.1	1.31	3.82	0.624	3.87	0.581	345.49	285.73	49.56	10.21	0.98	0.59	1.09	0.95	1.11
N4-R	65.2	136	15.5	55.7	10.0	1.97	9.30	1.16	6.29	35.4	1.34	3.69	0.581	3.51	0.538	345.78	282.04	54.08	9.66	1.01	1.00	1.17	0.98	1.30
N4-1	9.89	19.3	2.13	7.77	1.71	0.317	1.69	0.281	1.64	10.2	0.364	0.943	0.155	0.935	0.137	57.42	40.76	14.13	2.53	0.99	0.96	0.67	0.88	0.89
N4-F	65.5	134	15.1	53.1	9.65	1.81	8.55	1.07	5.65	32.0	1.20	3.41	0.551	3.21	0.496	335.19	277.21	49.11	8.86	1.00	0.93	1.29	1.03	1.31
S5-1	5.62	14.8	1.76	6.78	1.40	0.277	1.27	0.206	1.14	6.25	0.238	0.690	0.103	0.662	0.104	41.26	30.32	9.14	1.80	1.09	0.97	0.54	0.61	0.94
S5-2	5.03	11.1	1.43	5.64	1.60	0.384	1.70	0.354	2.60	17.6	0.663	2.08	0.387	2.59	0.433	53.56	24.80	22.61	6.15	0.97	0.93	0.12	0.48	0.32
S5-3	3.27	6.74	0.784	3.14	0.882	0.225	0.863	0.199	1.21	7.63	0.276	0.813	0.145	0.871	0.133	27.19	14.82	10.13	2.24	0.99	1.03	0.24	0.56	0.49
S5-4	11.4	25.2	2.86	10.1	1.96	0.385	1.69	0.227	1.29	8.01	0.266	0.783	0.122	0.706	0.102	65.12	51.54	11.60	1.98	1.04	1.00	1.02	0.88	1.17
S5-5	0.969	2.86	0.423	1.81	0.540	0.135	0.463	0.093	0.625	3.61	0.138	0.399	0.070	0.414	0.060	12.61	6.61	4.93	1.08	1.10	1.12	0.15	0.27	0.55
S5-6	2.45	8.40	1.16	4.54	1.07	0.232	1.01	0.170	0.909	5.40	0.196	0.521	0.084	0.488	0.072	26.71	17.62	7.73	1.36	1.00	1.00	0.32	0.35	1.01
S5-7	31.1	45.2	4.21	13.5	2.24	0.441	2.38	0.252	1.32	6.88	0.246	0.637	0.087	0.467	0.067	109.10	96.32	11.28	1.50	0.90	1.01	4.21	2.10	2.50

续表 5-4

样品编号	La	Ce	Pr	Nd	Sm	Eu	Gd	Tb	Dy	Y	Ho	Er	Tm	Yb	Lu	$\sum$REY	$\sum$LREY	$\sum$MREY	$\sum$HREY	Ce/Ce*	Eu/Eu*	La_N/Yb_N	La_N/Sm_N	Gd_N/Yb_N
S5-8	2.99	4.64	0.500	1.93	0.642	0.159	0.629	0.144	0.855	4.70	0.179	0.498	0.079	0.471	0.072	18.48	10.70	6.48	1.30	0.88	1.00	0.40	0.71	0.65
S5-9-P	19.3	49.8	4.87	15.0	3.20	0.569	3.21	0.518	2.82	13.0	0.528	1.44	0.218	1.29	0.205	116.01	92.19	20.13	3.69	1.21	0.81	0.94	0.91	1.21
S5-10	0.763	2.74	0.491	2.42	0.878	0.212	0.707	0.166	1.03	5.89	0.229	0.593	0.097	0.547	0.077	16.84	7.28	8.01	1.54	0.93	1.04	0.09	0.13	0.63
S5-11	2.70	9.60	1.32	5.12	1.44	0.342	1.35	0.246	1.53	8.74	0.329	0.892	0.143	0.880	0.123	34.77	20.19	12.21	2.37	1.12	1.06	0.19	0.28	0.75
S5-12	8.37	17.3	1.91	6.93	1.52	0.297	1.55	0.262	1.48	7.21	0.302	0.793	0.128	0.742	0.113	48.87	36.00	10.80	2.08	1.02	0.87	0.71	0.83	1.02
S5-13	14.6	28.4	3.21	11.8	2.74	0.484	2.52	0.406	2.23	13.2	0.459	1.19	0.188	1.08	0.157	82.79	60.86	18.85	3.08	0.98	0.83	0.85	0.81	1.14
S5-14-P	38.2	63.2	5.06	13.0	2.25	0.417	2.96	0.532	3.16	17.2	0.680	1.80	0.298	1.76	0.263	150.76	121.72	24.24	4.80	1.03	0.73	1.37	2.58	0.82
S5-15	20.2	37.9	4.04	14.0	3.16	0.567	3.19	0.655	3.98	24.5	0.898	2.56	0.447	2.66	0.405	119.03	79.21	32.85	6.97	0.99	0.75	0.48	0.97	0.59
S5-16	15.8	30.4	3.62	14.4	3.44	0.722	3.29	0.680	4.83	36.0	1.28	4.07	0.742	4.79	0.793	124.89	67.67	45.55	11.67	0.95	0.89	0.21	0.70	0.34
Y6-R	64.2	132	14.7	54.0	10.2	2.02	9.39	1.15	6.38	35.4	1.35	3.72	0.601	3.58	0.536	338.86	274.73	54.34	9.79	1.01	1.01	1.13	0.96	1.29
Y6-1	8.65	20.8	2.63	9.71	2.26	0.441	2.27	0.344	2.18	14.5	0.498	1.40	0.236	1.40	0.230	67.61	44.10	19.75	3.77	1.02	0.91	0.39	0.58	0.79
Y6-2	21.6	46.9	5.99	24.6	5.12	0.815	4.57	0.823	4.74	27.4	1.05	2.83	0.437	2.59	0.398	149.83	104.22	38.32	7.30	0.97	0.73	0.53	0.64	0.87
Y6-3	13.4	29.3	3.46	12.5	2.71	0.511	2.64	0.432	2.23	14.0	0.502	1.35	0.230	1.44	0.218	84.99	61.47	19.78	3.74	1.01	0.87	0.59	0.75	0.90
Y6-4	14.1	29.1	3.48	13.3	2.88	0.469	2.75	0.440	2.39	15.5	0.539	1.57	0.273	1.72	0.261	88.79	62.82	21.60	4.37	0.98	0.76	0.52	0.74	0.78
Y6-F	68.1	119	12.3	39.3	5.75	0.873	6.39	0.849	4.52	26.4	0.974	2.68	0.435	2.60	0.394	290.73	244.65	39.00	7.08	0.96	0.72	1.66	1.80	1.21
M7-R	48.4	93	11.0	38.8	7.28	1.20	6.35	0.820	4.63	24.7	1.00	2.84	0.464	2.83	0.436	243.44	198.14	37.74	7.56	0.94	0.85	1.08	1.01	1.10
M7-1	92.4	209	24.7	91.2	18.8	3.47	17.3	2.46	12.7	64.4	2.56	6.80	1.06	6.33	0.974	553.62	435.61	100.29	17.73	1.03	0.90	0.92	0.74	1.34
M7-F	55.9	112	12.0	39.7	7.45	1.40	7.13	1.01	5.66	28.7	1.21	3.26	0.537	3.28	0.477	280.10	227.46	43.87	8.77	1.02	0.91	1.08	1.14	1.06
G8-R	75.3	148	13.5	42.3	6.53	0.988	6.77	0.864	5.33	31.1	1.26	3.85	0.623	4.01	0.605	341.22	285.80	45.08	10.34	1.09	0.74	1.19	1.75	0.83
G8-1	1.74	4.70	0.655	2.65	0.757	0.153	0.712	0.158	0.903	5.09	0.194	0.518	0.087	0.512	0.076	18.90	10.50	7.02	1.39	1.01	0.84	0.22	0.35	0.68
G8-2	5.67	15.7	1.92	7.19	1.45	0.244	1.41	0.217	1.19	7.34	0.262	0.735	0.118	0.701	0.104	44.21	31.89	10.40	1.92	1.10	0.79	0.51	0.59	0.98

续表 5-4

样品编号	La	Ce	Pr	Nd	Sm	Eu	Gd	Tb	Dy	Y	Ho	Er	Tm	Yb	Lu	ΣREY	ΣLREY	ΣMREY	ΣHREY	Ce/Ce*	Eu/Eu*	La$_N$/Yb$_N$	La$_N$/Sm$_N$	Gd$_N$/Yb$_N$
G8-3	1.69	4.67	0.652	2.70	0.970	0.215	0.896	0.181	1.10	7.22	0.252	0.651	0.109	0.648	0.094	22.04	10.68	9.61	1.75	1.01	0.96	0.16	0.26	0.68
G8-4	6.31	18.5	2.32	8.60	1.90	0.324	1.71	0.296	1.79	10.2	0.409	1.08	0.187	1.11	0.171	54.89	37.64	14.30	2.96	1.11	0.79	0.36	0.50	0.76
G8-5	2.18	7.04	0.973	3.79	0.947	0.202	0.844	0.163	0.908	5.95	0.205	0.558	0.094	0.595	0.084	24.53	14.93	8.07	1.54	1.08	0.95	0.23	0.35	0.69
G8-6	5.11	14.6	1.77	6.44	1.21	0.226	1.22	0.189	1.07	6.75	0.231	0.669	0.107	0.643	0.092	40.29	29.09	9.45	1.74	1.12	0.86	0.50	0.64	0.93
G8-7	8.41	23.4	2.85	10.7	2.35	0.443	2.12	0.323	1.93	10.7	0.430	1.21	0.198	1.25	0.195	66.53	47.70	15.56	3.28	1.10	0.91	0.43	0.54	0.83
G8-8	33.6	56.9	5.87	20.2	3.42	0.579	3.43	0.441	2.27	11.0	0.431	1.14	0.160	0.912	0.129	140.41	119.92	17.72	2.77	0.95	0.83	2.33	1.49	1.84
G8-9	15.1	35.2	4.13	14.6	3.54	0.580	3.33	0.715	4.36	22.2	0.966	2.67	0.464	2.90	0.429	111.22	72.57	31.22	7.43	1.05	0.69	0.33	0.65	0.56
G8-10-P	24.7	48.9	4.60	13.6	2.83	0.443	2.91	0.498	2.98	14.5	0.619	1.65	0.278	1.71	0.253	120.49	94.61	21.37	4.51	1.08	0.69	0.91	1.32	0.83
G8-11	39.0	78.4	8.14	27.0	5.60	0.909	5.25	0.860	4.59	24.1	0.967	2.50	0.427	2.61	0.386	200.70	158.13	35.68	6.89	1.03	0.76	0.95	1.06	0.99
G8-12	2.03	6.74	0.932	4.11	1.25	0.285	1.10	0.221	1.20	7.81	0.267	0.719	0.108	0.648	0.093	27.51	15.06	10.62	1.83	1.09	1.01	0.20	0.25	0.83
G8-F	84.0	172	18.9	66.7	12.0	1.63	10.2	1.18	5.80	27.8	1.18	3.26	0.508	3.04	0.450	408.83	353.75	46.65	8.43	1.02	0.72	1.75	1.07	1.65
X-R	114	241	29.4	99.0	12.6	1.31	7.16	1.16	5.36	29.5	1.19	3.66	0.596	3.82	0.570	549.98	495.63	44.52	9.83	0.98	0.56	1.88	1.37	0.92
X-1	10.9	17.8	2.06	7.48	1.54	0.329	1.47	0.264	1.45	8.92	0.314	0.887	0.143	0.886	0.135	54.57	39.77	12.44	2.36	0.88	0.96	0.78	1.07	0.81
X-2	7.96	19.0	2.05	7.04	1.43	0.255	1.20	0.230	1.39	9.08	0.305	0.914	0.144	0.910	0.138	52.05	37.48	12.16	2.41	1.11	0.82	0.55	0.84	0.65
X-3-P	28.0	52.3	5.38	17.6	2.58	0.292	2.06	0.455	2.91	15.9	0.638	1.88	0.295	1.85	0.264	132.41	105.88	21.60	4.92	1.00	0.50	0.96	1.64	0.55
X-4	50.4	65.7	5.55	15.7	1.96	0.358	1.48	0.253	1.13	5.94	0.210	0.559	0.079	0.474	0.067	149.78	139.23	9.16	1.39	0.87	0.90	6.72	3.90	1.53
X-5	24.4	52.1	6.23	24.6	5.42	0.634	4.27	0.700	3.55	19.0	0.738	1.96	0.302	1.93	0.277	146.17	112.78	28.19	5.21	0.99	0.58	0.80	0.68	1.08
X-6	11.9	24.9	2.86	11.0	2.47	0.442	2.53	0.483	3.10	25.2	0.795	2.39	0.408	2.66	0.444	91.57	53.09	31.79	6.69	1.00	0.76	0.28	0.73	0.47
X-F	54.5	107	12.4	43.4	5.73	0.674	4.01	0.739	4.16	23.5	0.949	2.84	0.481	3.08	0.474	263.63	222.68	33.13	7.82	0.96	0.58	1.12	1.44	0.64
D-R	70.5	133	14.9	48.1	6.68	0.636	4.51	0.790	4.35	25.0	1.00	3.11	0.529	3.56	0.534	317.45	273.42	35.29	8.74	0.97	0.48	1.25	1.60	0.62
D-1	14.7	27.5	3.00	10.1	1.74	0.274	1.35	0.246	1.38	7.88	0.295	0.811	0.131	0.789	0.116	70.31	57.04	11.13	2.14	0.97	0.75	1.18	1.28	0.84

续表 5-4

样品编号	La	Ce	Pr	Nd	Sm	Eu	Gd	Tb	Dy	Y	Ho	Er	Tm	Yb	Lu	ΣREY	ΣLREY	ΣMREY	ΣHREY	Ce/Ce*	Eu/Eu*	La_N/Yb_N	La_N/Sm_N	Gd_N/Yb_N
D-2	25.6	38.0	3.69	11.9	2.03	0.402	1.90	0.348	1.89	11.5	0.410	1.09	0.175	1.11	0.165	100.25	81.28	16.02	2.95	0.89	0.89	1.46	1.91	0.84
D-3-P	44.4	74.2	7.56	24.0	2.92	0.264	2.09	0.440	2.78	16.0	0.632	1.86	0.317	2.02	0.290	179.74	153.08	21.55	5.12	0.94	0.42	1.39	2.30	0.51
D-4	11.6	18.9	1.94	6.32	1.22	0.203	0.954	0.165	0.916	5.40	0.184	0.494	0.077	0.468	0.064	48.82	39.89	7.64	1.29	0.93	0.81	1.56	1.44	1.00
D-5	13.8	26.0	2.76	9.49	1.69	0.248	1.55	0.297	1.69	11.1	0.387	1.11	0.185	1.14	0.178	71.71	53.78	14.92	3.00	0.99	0.65	0.76	1.24	0.66
D-6	11.6	23.9	2.66	9.54	1.88	0.305	1.80	0.315	1.92	14.5	0.434	1.25	0.203	1.27	0.192	71.78	49.61	18.82	3.35	1.01	0.73	0.58	0.94	0.69
D-F	76.0	136	16.6	60.2	11.4	2.10	8.17	1.22	6.18	36.0	1.32	3.67	0.590	3.66	0.547	363.56	300.10	53.67	9.78	0.90	0.95	1.31	1.01	1.10
M-R	84.2	145	18.0	63.5	10.7	1.70	8.91	1.38	6.69	36.3	1.38	3.64	0.570	3.76	0.561	385.97	321.08	54.99	9.90	0.87	0.78	1.42	1.20	1.16
M-1	2.05	4.96	0.716	2.97	0.732	0.156	0.682	0.122	0.718	4.64	0.162	0.462	0.072	0.463	0.070	18.99	11.44	6.32	1.23	0.94	0.96	0.28	0.43	0.72
M-2	2.22	7.27	1.11	4.68	1.11	0.217	1.00	0.177	1.01	6.28	0.220	0.590	0.098	0.622	0.089	26.70	16.39	8.69	1.62	1.01	0.90	0.23	0.30	0.79
M-3	4.82	14.3	1.82	6.91	1.40	0.251	1.26	0.221	1.20	7.04	0.251	0.662	0.104	0.628	0.091	40.90	29.20	9.96	1.74	1.10	0.83	0.48	0.52	0.98
M-4-P	79.1	141	18.5	70.6	14.1	2.72	10.7	1.67	7.98	42.5	1.59	4.23	0.654	3.97	0.606	400.36	323.77	65.55	11.04	0.87	0.97	1.26	0.85	1.32
M-5	0.987	3.40	0.569	2.57	0.722	0.154	0.663	0.118	0.683	4.18	0.155	0.406	0.066	0.418	0.057	15.15	8.25	5.80	1.10	0.96	0.97	0.15	0.21	0.78
M-6	36.2	66.0	7.35	23.3	3.20	0.562	2.46	0.391	1.82	9.49	0.347	0.915	0.123	0.741	0.110	152.97	136.02	14.72	2.24	0.95	0.88	3.09	1.72	1.63
M-F	79.3	143	18.4	66.0	11.6	2.20	9.09	1.44	7.08	41.3	1.53	4.14	0.649	4.12	0.606	390.28	318.16	61.09	11.04	0.88	0.94	1.22	1.04	1.08

注：$\Sigma REY=La-Lu+Y$，表示稀土元素总含量；LREY，轻稀土，La—Sm；MREY，中稀土，Eu—Dy+Y；HREY，重稀土，Ho—Lu；La_N/Yb_N是 La 和 Yb 经 UCC(Rudnick et al.,2004；下同)标准化之后的比值；La_N/Sm_N是 La 和 Sm 经 UCC 标准化后的比值；Gd_N/Yb_N是 Gd 和 Yb 经 UCC 标准化后的比值；$Ce/Ce^*=Ce_N/(0.5La_N+0.5Pr_N)$，公式中的 Ce_N、La_N和 Pr_N是 Ce、La 和 Pr 经 UCC 标准化之后的值；$Eu/Eu^*=Eu_N/[(Sm_N\times 0.67)+(Tb_N\times 0.33)]$，公式中的 Eu_N、Sm_N和 Tb_N是 Eu、Sm 和 Tb 经 UCC 标准化之后的值。

苏村煤矿(5号采样点)和高河煤矿(8号采样点)由上至下分别采取了16件和14件煤样,选取这两个位置所取煤样中的稀土元素及其特征参数作垂向特征分析。

垂向上,苏村煤矿煤中ΣREY含量由底至顶呈减少趋势,剖面底部煤层中ΣREY含量最高(图5-18)。夹矸中的ΣREY含量普遍高于煤层中的ΣREY含量。此外,La含量、La_N/Yb_N值、La_N/Sm_N值具有相似的垂向变化规律,且均与ΣREY垂向变化规律相似(图5-18),可能说明La含量主要控制ΣREY含量变化,同时也影响着轻、重稀土分异程度,以及轻稀土间的分异程度。另外,夹矸相比于其相邻的上部和下部煤层,其La_N/Yb_N值和La_N/Sm_N值均较高,说明夹矸相对于煤层具有LREY相对富集的特征。

垂向上,高河煤矿煤中总稀土元素含量ΣREY下部煤层高于上部煤层(图5-19)。在煤层顶底板中ΣREY含量较高,煤中含量较低,相比于其上、下部煤层,夹矸中ΣREY并没有呈现明显的含量高的特征。此外,La含量、La_N/Yb_N值、La_N/Sm_N值、Gd_N/Yb_N值具有相似的垂向变化规律,且均与ΣREY垂向变化规律相似(图5-19),可能说明La含量主要控制ΣREY含量变化,同时也影响着轻、重稀土分异程度,以及轻稀土元素间和重稀土元素间的分异程度。

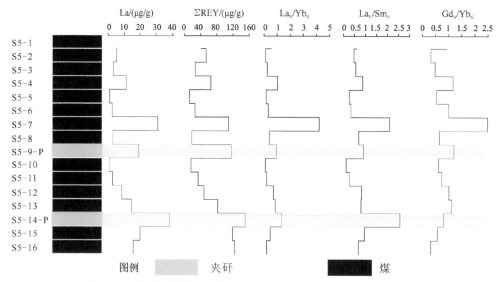

图5-18 苏村煤矿煤系剖面稀土元素地球化学参数垂向特征图

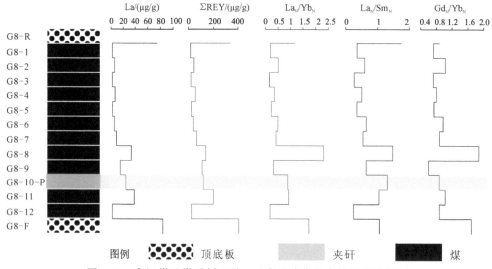

图5-19 高河煤矿煤系剖面稀土元素地球化学参数垂向特征图

苏村煤矿煤中总稀土元素含量ΣREY整体上高于高河煤矿,而夹矸中ΣREY含量低于高河煤矿;两个煤矿煤系剖面中ΣREY、La含量等的垂向变化规律大致相同(图5-18、图5-19),表明这两个煤矿含煤岩系稀土元素垂向变化的控制因素具有相似性。

二、稀土元素配分模式

1. 煤中稀土元素配分模式类型

根据Seredin等(2012a)的划分方案,煤中稀土元素经UCC标准化后,其配分模式可以划分为4种类型:

1)轻稀土富集型(L-型)

轻稀土富集型表现为$La_N/Lu_N>1$,配分模式图中的折线向右下方倾斜,具有负斜率,L-型稀土元素配分模式通常是中国古生代一些灰分产率较高(18%~50%)、煤层厚度在0.6~28.7m的高阶煤所表现的配分模式。煤灰中REO(rare rarth oxides,稀土氧化物)含量为0.11%~0.23%,La_N/Lu_N值为1.1~2.9。稀土元素配分模式为L-型的煤中稀土元素通常来源于泥炭沼泽阶段进入的陆源碎屑或火山凝灰岩碎屑。

2)中稀土富集型(M-型)

中稀土富集型表现为$La_N/Sm_N<1$、$Gd_N/Lu_N>1$,配分模式图中的折线中部略微凸起。M-型的煤在中国、俄罗斯远东地区、白俄罗斯、塔吉克斯坦等(地区)都有发现。这些煤的成煤时代从石炭纪到新生代都有分布,煤阶覆盖无烟煤到褐煤(Seredin et al.,2012a)。通常,聚煤盆地中的酸性循环水体和富稀土元素的酸性热液溶液表现为中稀土富集(McLennan,1989;Michard,1989),因此,M-型煤灰中REY含量异常高可能是由于酸性热液提供稀土来源(Seredin et al.,2012a)。此外,腐殖质对MREY相对较高的吸附/结合能力也可能导致煤中稀土元素配分模式表现为M-型(Seredin et al.,1999)。

3)重稀土富集型(H-型)

重稀土富集型表现为$La_N/Lu_N<1$,配分模式图中的折线向右上方倾斜,具有正斜率。H-型在富REY的煤灰中尤为典型,其煤阶可以覆盖褐煤到无烟煤。煤中H-型分布的出现可能与在煤盆地中广泛分布的富含HREY的循环天然水体有关。这些水流可能是海水、碱性内陆水、低温(130℃)碱性热液,也可能是一些高温(>500℃)火山热液流体(Seredin et al.,2012a)。此外,也可能与重稀土元素具有较强的有机亲和性有关。

4)正常型(N-型)

相对于L-型、M-型、H-型、N-型的稀土元素配分模式主要表现在稀土元素间没有分馏或具有非常弱的分馏,配分模式图中的折线近乎平直。N-型稀土元素配分模式很少出现在富稀土元素的煤中,在贫稀土元素的煤中较为常见(Seredin et al.,2012a)。

2. 研究区煤中稀土元素配分模式

基于Seredin等(2012a)的地球化学分类,沁水盆地山西组3号煤中稀土元素配分模式可以分为以下3类。

1)正常型(N-型)

苏村煤矿(5号采样点)煤样S5-1、S5-4、S5-12、S5-13(图5-20A)和高河煤矿(8号采样点)煤样G8-2、G8-6、G8-7和G8-11(图5-20B)中稀土元素配分模式为正常型,此外,寺河煤矿(9号采样点)煤样X-1、X-2、X-4和D-1、D-4、D-5,以及墨镫乡(7号采样点)煤样M7-1、阳城县建材陶瓷厂(3号采样点)煤样J3-1和南大掌村(4号采样点)煤样N4-1中稀土元素配分模式也为正常型(图5-20C)。其稀土元素配分曲线平坦,轻、重稀土元素间的分异较小。

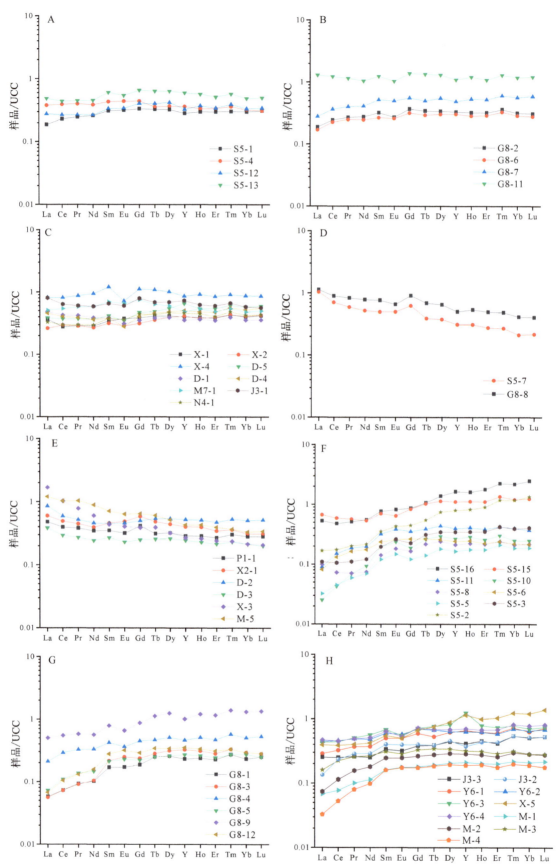

图 5-20 沁水盆地不同采样点山西组 3 号煤中稀土元素配分模式图

A—C.正常型；D、E.轻稀土富集型；F—G.重稀土富集型

2)轻稀土富集型(L-型)

苏村煤矿(5号采样点)煤样S5-7、高河煤矿(8号采样点)煤样G8-8(图5-20D)、陵川县杨村乡(1号采样点)煤样P1-1、王坡煤矿(2号采样点)煤样X2-1、寺河煤矿(9号采样点)煤样D-2、D-3、X-3和赵庄煤矿(10号采样点)煤样M-5中稀土元素配分模式为轻稀土富集型(图5-20E)。其稀土元素配分曲线具有负斜率,La→Lu呈现逐渐降低趋势。

3)重稀土富集型(H-型)

大部分沁水盆地山西组3号煤煤中稀土元素的配分模式为H-型,如苏村煤矿煤样S5-2、S5-3、S5-5、S5-6、S5-8、S5-10、S5-11、S5-15、S5-16(图5-20F),高河煤矿煤样G8-1、G8-3~G8-5、G8-9、G8-12(图5-20G)和其他采样点煤样,如J3-2、J3-3、Y6-1~Y6-4、M-1~M-4、X-5(图5-20H)。其稀土元素配分曲线具有正斜率,La→Lu呈现逐渐升高趋势。

3. 研究区顶底板和夹矸中稀土元素配分模式

沁水盆地山西组3号煤顶板、底板和夹矸中稀土元素配分模式主要为L-型(图5-21)。值得注意的是,煤中稀土元素配分模式以H-型为主,与顶板、底板和夹矸中稀土元素配分模式存在明显差异,可能是煤中有机质含量高,其重稀土元素的亲和性更强所致。

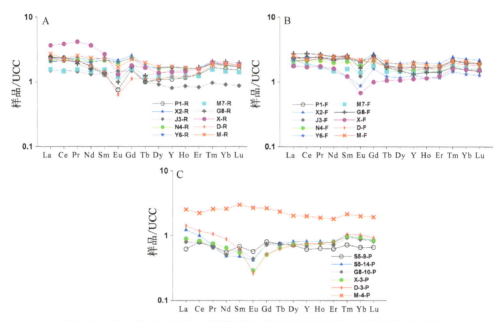

图5-21 沁水盆地山西组3号煤顶板、底板和夹矸中稀土元素配分模式图
A.顶板;B.底板;C.夹矸

第四节 镜煤条带中元素特征

煤的显微组分是显微镜下可辨认的煤的基本组成成分,包括有机显微组分和无机显微组分两大类,前者包括镜质组、惰质组和壳质组,后者主要指镜下所见的矿物。基于此,研究者们将煤中元素的赋存状态分为有机态和矿物态/无机结合态(任德贻等,2006)。煤中肉眼可辨认的成分称为宏观煤岩成分,包括镜煤、亮煤、暗煤、丝炭。其中,镜煤为简单的煤岩成分,主要由镜质体组成(王华等,2015;林添艳,2013)。

显微煤岩组分定量统计结果显示,研究区煤中镜质组含量超过80%(全煤基),且煤中镜煤条带发育,容易手选剥离。镜煤条带主要由镜质组组成,相对于全煤而言,镜煤条带质地较纯且灰分含量较少(Gong et al.,1998),理论上,脱矿后的镜煤条带中元素的赋存状态在很大程度上为有机结合态。

为了探讨全煤、镜煤条带及脱矿镜煤条带之间的常量元素、微量元素和稀土元素特征、差异及其变化规律,揭示高阶煤中元素与有机质的亲和性,本研究对采自寺河煤矿、赵庄煤矿山西组3号煤的9件煤样及从这些煤样中挑出的镜煤条带进行了研究。此外,为了消除镜煤条带中无机矿物的潜在影响,在XRD确定煤中矿物的含量与种类后,参考前人实验方法,对镜煤条带进行加酸脱矿处理(杨建业等,2014;梁虎珍等,2013b)。镜煤条带脱矿处理流程为:手选剥离出煤中的镜煤条带,用玛瑙研钵研磨至200目以下,称取100mg磨好的样品,加入1mL 36%的浓HCl充分反应3h后离心,除去上层清液,向残留的煤样中加入0.5mL 50%的HF充分反应3h后离心,残留的煤样加入纯水清洗并离心,清洗3次后将残留的煤样放入干燥箱内75℃烘干,烘干后的样品即为脱矿镜煤条带。处理后的样品可以基本排除矿物的干扰(杨建业等,2014;梁虎珍等,2013)。

HCl、HF和HNO_3常用于脱除煤中矿物质,其中,HCl能有效地降低煤中大部分矿物的含量,HF能有效地溶解含铝和硅的化合物(Mukherjee et al.,2004;Roets et al.,2015),HNO_3也能除去煤中大部分矿物,但HNO_3可能会破坏煤中有机质的结构(Wei et al.,2017;Alvarez et al.,2003);HF和HCl组合常用于去除煤中的灰分(Liang et al.,2014;Song et al.,2016;Zhao et al.,2019)。虽然HF-HCl可能会对低煤阶煤的化学结构造成一定程度的破坏(Liang et al.,2014;Zhao et al.,2017),但对高阶煤的有机质影响不大(Larsen et al.,1989)。因此,本研究采用HCl-HF除去镜煤条带中的矿物质。

在理想情况下可以认为:镜煤条带经过脱矿处理后,赋存于镜煤条带中的无机矿物质都被溶解清除,脱矿镜煤条带中检测到的元素都为有机结合态。然而,在HF-HCl脱矿过程中,溶解到溶液中的元素可能是具有水溶性和/或HF-HCl可溶性的元素(Wei et al.,2017),这些元素可能赋存于HF-HCl能溶解的矿物中(如碳酸盐、氧化物、硫化物和硅酸盐;Acholla et al.,1993),或者可能与有机物以较弱的官能团结合(尤其是低煤阶煤,Wei et al.,2017)。HF-HCl不能溶解的元素可能是与有机质以较强的官能团结合的元素,也可能是一些被有机质包裹的、没有与HF-HCl接触反应的细粒矿物中的元素(Wei et al.,2017)。因此,在镜煤条带HF-HCl脱除矿物过程中,与有机质结合较弱的微量元素可能和矿物一起脱除;在脱矿镜煤条带中检测到的一些微量元素可能是酸无法溶解/接触的元素。然而,即使存在部分弱有机结合的元素在HF-HCl处理过程中被脱除或者有部分细粒矿物没被溶解的情况,其影响程度仍然有限,不会改变对于元素赋存状态的整体认识(Wei et al.,2017)。

一、常量元素

通过对比全煤、镜煤条带、脱矿镜煤条带中常量元素含量发现,所研究的煤中Al、Fe、Mg、Ca、Na、K、Ti的含量在它们中整体呈现递减趋势,即全煤＞镜煤条带＞脱矿镜煤条带,Ti在样品X-3和M-4中的含量具有全煤＜脱矿镜煤条带的现象(表5-5,图5-22)。相比于全煤,镜煤条带中常量元素的含量要低得多,相比于镜煤条带,脱矿镜煤条带中常量元素的含量一般稍低。这说明经HF-HCl脱矿处理,镜煤条带中有部分常量元素被淋溶出来,这部分元素可能在镜煤条带中赋存于HF-HCl能溶解的矿物中或者可能与有机物以较弱的官能团结合。经脱矿处理后,脱矿镜煤条带中仍含有一定量的常量元素,表明煤中常量元素具有一定的亲和性,但有机亲和性较低。

前人研究得出类似的结论。Liu等(2018)用不同试剂对云南弥勒盆地的褐煤进行浸出实验研究,结果表明,弥勒盆地的褐煤中Fe、Al和Ca主要以有机结合的形式存在,Mg以各种形式的非矿物无机物的形式存在,但非矿物无机物的形成机制及其随煤级的变化规律需要进一步研究。Li等(2010)用电

表 5-5　寺河煤矿和赵庄煤矿全煤、镜煤条带及脱矿镜煤条带中常量元素测试结果（全煤基；单位：%）

样品编号	TiO_2	Al_2O_3	Fe_2O_3	MnO	MgO	CaO	Na_2O	K_2O	P_2O_5
X-1	0.201	3.87	0.358	/	0.059	0.120	0.135	0.077	0.020
JX-1	0.090	1.27	0.104	/	0.019	0.057	0.017	0.025	/
TJX-1	0.084	0.183	0.033	/	0.006	0.044	0.002	0.006	/
X-2	0.253	3.26	0.176	0.002	0.068	0.207	0.137	0.054	0.010
JX-2	0.057	1.38	0.079	/	0.020	0.062	0.013	0.030	/
TJX-2	0.063	0.111	0.020	/	0.006	0.034	0.003	0.009	/
X-3	0.074	2.75	0.368	/	0.074	0.320	0.087	0.055	0.151
JX-3	0.110	1.66	0.177	/	0.033	0.077	0.013	0.026	0.031
TJX-3	0.105	0.145	0.038	/	0.010	0.063	0.001	0.009	0.005
X-5	0.138	1.59	0.078	/	0.026	0.087	0.060	0.009	/
JX-5	0.007	0.285	0.047	/	0.009	0.053	0.016	0.005	/
TJX-5	0.008	0.106	0.026	/	0.006	0.047	0.001	0.008	0.037
D-2	0.331	4.05	0.448	0.002	0.072	0.285	0.111	0.072	0.113
JD-2	0.043	1.74	0.233	/	0.042	0.151	0.027	0.018	0.057
TJD-2	0.044	0.205	0.037	/	0.011	0.054	0.001	0.007	0.037
D-3	0.050	2.78	0.260	0.004	0.101	0.366	0.076	0.027	/
JD-3	0.019	0.056	0.089	/	0.018	0.087	0.004	0.008	/
TJD-3	0.023	0.145	0.037	/	0.011	0.073	/	0.004	0.005
D-5	0.058	1.29	0.158	/	0.038	0.087	0.077	0.011	/
JD-5	0.024	0.315	0.053	/	0.010	0.037	0.012	0.005	/
TJD-5	0.023	0.073	0.021	/	0.005	0.037	0.001	0.006	/
M-1	0.050	2.41	0.544	/	0.242	1.120	0.103	0.011	/
JM-1	0.007	0.235	0.045	/	0.013	0.066	0.005	0.006	/
TJM-1	0.006	0.111	0.018	/	0.003	0.039	0.001	0.005	0.023
M-4	0.038	2.10	1.160	0.003	0.664	2.610	0.129	0.012	/
JM-4	0.117	0.502	0.059	/	0.012	0.066	0.006	0.004	/
TJM-4	0.107	0.084	0.018	/	0.007	0.039	/	/	/

注：全煤样品编号前加字母"J"表示镜煤条带，加字母"TJ"表示脱矿镜煤条带，例如 JX-1、TJX-1 为全煤样品 X-1 对应的镜煤条带样品、脱矿镜煤条带样品；后同。

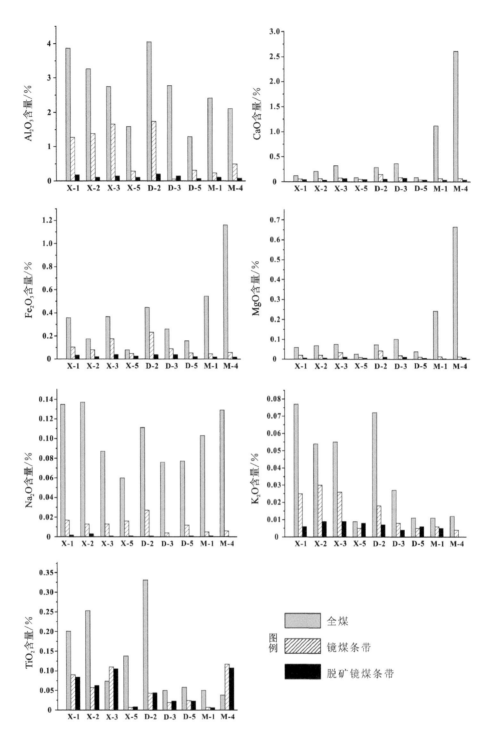

图 5-22 寺河煤矿和赵庄煤矿山西组 3 号煤的全煤、镜煤条带、脱矿镜煤条带中常量元素含量对比图

子探针研究低煤阶煤的显微组分发现,低煤阶煤的显微组分中有 Ca、Al、Fe、Mg、Ti 存在,且这些元素并非赋存于显微组分中的矿物中,而是与有机质缔和。Li 等(2010)又结合选择性浸出实验推测这些元素可能与显微组分以化学键形式结合。赵峰华等(2003)通过逐级化学提取定量分析了低煤阶煤中元素的有机亲和性,结果显示,低煤阶煤中含有有机结合态的 Fe、Mn。

本研究结果显示,在镜煤条带和脱矿镜煤条带中存在一定量的常量元素 Al、Ca、Fe、Mg、Na、K 和 Ti,说明在高阶煤中,常量元素也存在一定的有机结合态。

二、微量元素

通过对比全煤、镜煤条带和脱矿镜煤条带中微量元素含量的变化特征,发现全煤、镜煤条带和脱矿镜煤条带间微量元素变化规律如下:①全煤＞镜煤条带＞脱矿镜煤条带;②全煤＜镜煤条带≈脱矿镜煤条带;③部分煤样中表现为全煤＞脱矿镜煤条带,部分煤样中全煤＜脱矿镜煤条带。根据微量元素在全煤、镜煤条带和脱矿镜煤条带中的变化特征,将研究区煤中元素分为以下3类:

(1)Li、Be、B、Rb、Cs、Ba、Tl、Th含量整体呈现为全煤＞镜煤条带＞脱矿镜煤条带,且这些元素在脱矿镜煤条带中的含量远低于全煤(表5-6,图5-23),表明这些元素主要赋存于无机矿物中。

(2)除个别煤样外,V、Mo、W、U含量整体表现为全煤＜镜煤条带≈脱矿镜煤条带,且全煤中含量远低于镜煤条带,表明这些元素可能主要以非矿物质赋存于镜煤条带中,表现出有机亲和性(表5-6,图5-24)。

(3)其他元素包括Sc、Cr、Co、Ni、Cu、Ga、Ge、Sr、Y、Cd、Ha、Zr、Hf、Ta、Pb、Bi,其含量在部分煤样中表现为全煤＞镜煤条带、全煤＞脱矿镜煤条带,部分煤样中全煤＜脱矿镜煤条带(表5-6,图5-25),表明这些元素可能部分赋存在有机质中,部分赋存在无机矿物中。

以下基于元素在全煤、镜煤条带及脱矿镜煤条带中的分布特征对其赋存状态的认识结果,以Ni、Ge为代表,进行深入探讨。

1. Ni

寺河煤矿和赵庄煤矿山西组3号煤中Ni含量与灰分产率明显负相关($r_{ash}=-0.68$),表现出较好的有机亲和性;大部分煤样中Ni含量表现为全煤＜镜煤条带＜脱矿镜煤条带,少部分煤样中Ni含量表现为全煤＞镜煤条带≈脱矿镜煤条带(图5-25D),表明3号煤中的Ni部分为有机结合态,部分为无机结合态。

Finkelman(1981)指出,煤中Ni可能主要和有机质相关,无机结合态的Ni可能主要与硫化物有关,煤中的镍也可能赋存于黏土中(Swaine et al.,1995;Palmer et al.,1998)。Miller等(1987)认为褐煤中部分或大部分Ni呈有机络合态存在,Solari(1989)报道巴西煤中Ni主要赋存于有机质中。汪文军等(2018)采用逐级化学提取发现沁水盆地煤中Ni主要以有机结合态存在,个别煤样中存在硅酸盐结合态、碳酸盐结合态和硫化物结合态的Ni。

本书所研究的煤中Ni既存在有机结合态,也存在无机结合态,和上述研究者得出的结论相似。

2. Ge

寺河煤矿和赵庄煤矿山西组3号煤中Ge含量与灰分产率及Al含量均呈负相关关系($r_{ash}=-0.55$);部分样品中,Ge含量表现为全煤＞镜煤条带＞脱矿镜煤条带或全煤＜镜煤条带≈脱矿镜煤条带(图5-25A),表明部分煤样中Ge以无机结合态为主,部分煤样中Ge以有机结合态为主。

国内外对煤中Ge的赋存状态都有研究,并提出过3种可能类型:①以游离的Ge离子形式吸附在煤中(刘超飞等,2017);②呈锗的有机化合物,即呈锗腐植酸盐的形态赋存于煤的有机质中(张淑苓等,1988;杜刚,2008);③呈硅锗酸盐或锗硫化物的形态赋存于煤中的矿物质中(黄文辉等,2002)。但是比较一致的意见是:与有机质结合是Ge在煤中的主要赋存状态,在褐煤和低成熟度的烟煤中Ge的赋存状态以腐植酸锗络合物为主,在高煤阶煤中Ge的赋存状态以锗-有机化合物为主(西安煤炭科学研究所地质室煤中伴生元素课题组,1973)。

Ge易富集在侧链与官能团发育的、有序度低的低阶煤中,我国大型、特大型含锗煤矿床一般为褐煤。例如,内蒙古自治区胜利煤锗矿床中的Ge主要以与有机质形成牢固化学结合的腐植酸锗络合(螯合)物和锗的有机化合物形式存在,少部分Ge呈吸附状态被煤中有机质(腐植酸)和矿物质吸附,只有极少数Ge以类质同象状态赋存于硅酸盐等矿物晶格中(杜刚,2008)。已有学者通过直接法研究煤中Ge的赋存状态,如Etschmann等(2017)采用XANES和EXAFS直接检测出乌兰图嘎和临沧高Ge煤

表 5-6 寺河煤矿和赵庄煤矿全煤、镜煤条带、脱矿镜煤条带中微量元素含量

(全煤基；单位：μg/g)

煤样编号	Li	Be	B	Sc	V	Cr	Co	Ni	Cu	Ga	Ge	Rb	Sr	Y
X-1	65.083	0.759	88.641	3.386	16.764	9.617	3.312	6.763	23.748	4.175	0.215	3.621	184.769	8.916
JX-1	34.429	0.496	13.578	3.423	65.189	12.374	2.153	4.575	9.722	7.018	0.311	1.181	132.319	6.322
TJX-1	4.086	0.198	4.674	2.469	47.251	11.154	1.160	4.404	8.439	3.114	0.230	0.434	76.923	5.550
X-2	79.644	0.689	84.283	2.366	8.426	14.702	0.747	1.467	15.804	4.910	0.184	1.767	117.240	9.080
JX-2	27.991	0.328	10.602	1.934	19.897	9.035	1.079	3.576	4.898	14.220	0.267	0.853	95.334	3.854
TJX-2	2.479	0.116	2.930	1.918	17.719	8.592	0.913	3.487	5.513	6.005	0.174	0.063	53.707	3.679
X-3	54.661	0.750	39.904	2.464	9.706	8.472	1.076	2.886	29.154	7.399	0.265	1.669	351.148	5.944
JX-3	38.553	0.536	8.282	2.926	40.864	12.966	1.293	3.582	21.323	12.572	0.320	1.316	172.417	3.977
TJX-3	3.482	0.216	1.955	2.598	33.148	11.622	0.920	3.498	14.083	5.390	0.188	0.065	96.748	3.913
X-5	22.025	8.871	7.030	5.553	25.081	19.098	5.745	9.463	20.721	8.282	2.180	0.360	110.158	25.236
JX-5	5.646	2.967	3.252	2.008	13.460	6.069	1.628	5.445	2.889	7.945	1.089	0.073	115.728	11.730
TJX-5	2.875	1.467	1.575	2.171	16.172	7.210	1.359	5.373	4.801	6.493	0.370	0.096	88.527	10.833
D-2	76.688	0.942	76.838	3.784	11.801	19.073	0.985	2.435	27.128	4.765	0.550	2.286	307.432	11.481
JD-2	43.777	0.592	13.316	2.622	11.494	8.556	1.643	5.938	5.989	7.311	0.335	0.836	268.580	4.565
TJD-2	3.518	0.380	3.743	2.227	9.189	6.552	1.379	5.947	5.572	3.336	0.177	0.066	144.543	4.488
D-3	45.215	0.566	28.159	1.484	9.519	5.910	1.457	4.836	9.382	6.667	0.372	0.666	83.089	5.403
JD-3	14.076	0.337	2.750	1.850	26.703	6.663	1.159	5.063	5.962	11.330	0.222	0.180	188.263	4.717
TJD-3	3.191	0.202	3.386	2.072	22.794	7.074	1.175	5.310	13.044	6.668	0.152	0.065	155.142	5.116
D-5	18.296	2.126	16.371	2.361	13.834	9.011	3.113	27.401	11.989	3.436	0.409	0.492	91.264	14.476
JD-5	3.893	2.625	1.468	2.068	28.785	8.454	1.543	7.432	5.427	3.598	0.237	0.056	92.552	12.390

续表 5-6

煤样编号	Li	Be	B	Sc	V	Cr	Co	Ni	Cu	Ga	Ge	Rb	Sr	Y
TJD-5	1.760	1.534	1.723	2.388	29.728	9.590	1.527	8.220	8.456	2.865	0.171	0.038	78.984	14.262
M-1	55.563	0.551	34.966	1.824	8.437	5.552	2.291	10.728	11.941	5.382	0.193	0.331	206.584	4.643
JM-1	4.377	0.289	2.259	1.455	21.385	4.629	1.756	12.054	1.971	13.462	0.195	0.027	127.227	3.578
TJM-1	0.508	0.164	4.068	1.566	18.405	4.695	1.764	13.566	2.004	13.589	0.161	0.004	94.311	3.855
M-3	112.365	0.653	69.797	3.242	11.999	8.222	0.813	2.946	19.302	6.146	0.322	0.393	189.138	7.035
JM-3	23.097	0.433	8.976	3.090	74.127	14.920	1.029	5.095	14.464	17.518	0.205	0.043	106.493	4.859
TJM-3	0.912	0.291	7.949	3.039	72.345	15.590	0.984	6.627	13.816	15.679	0.150	0.003	73.325	5.030
M-4	56.885	0.470	43.814	1.741	6.707	5.033	1.565	7.954	6.918	4.142	0.315	0.187	956.680	4.182
JM-4	13.838	0.343	3.657	1.494	25.515	7.006	1.758	12.226	6.601	10.721	0.132	0.035	125.035	3.481
TJM-4	1.277	0.196	2.791	1.405	23.116	6.630	1.638	13.215	6.287	9.061	0.084	0.000	90.353	3.400
X-1	62.024	5.559	2.132	0.065	0.270	229.317	1.600	0.380	1.048	0.193	11.545	0.273	6.566	1.062
JX-1	147.391	31.747	15.258	0.061	0.050	98.593	3.397	0.336	1.235	0.046	13.139	0.316	3.243	2.894
TJX-1	141.817	27.475	2.539	0.037	0.010	48.528	3.187	0.282	1.110	0.025	8.619	0.335	2.995	2.342
X-2	55.829	5.122	0.785	0.026	0.180	150.180	1.385	0.350	1.149	0.164	6.366	0.177	4.535	1.281
JX-2	32.753	6.309	3.502	0.019	0.052	55.688	0.764	0.125	2.200	0.032	15.101	0.378	1.159	1.715
TJX-2	33.741	6.835	1.955	0.010	0.006	26.648	0.814	0.139	2.445	0.012	14.526	0.343	0.897	1.469
X-3	40.679	2.847	0.744	0.024	0.128	135.032	1.097	0.141	0.708	0.106	13.281	0.341	4.248	1.506
JX-3	128.808	25.820	2.716	0.048	0.055	79.527	2.963	0.378	1.858	0.038	18.439	0.549	3.592	5.333
TJX-3	101.752	20.853	1.761	0.031	0.005	35.787	2.275	0.298	2.034	0.017	16.155	0.446	2.826	4.162
X-5	44.829	3.705	0.837	0.023	0.054	53.979	1.162	0.227	1.406	0.013	6.831	0.155	5.077	1.101

续表 5-6

煤样编号	Li	Be	B	Sc	V	Cr	Co	Ni	Cu	Ga	Ge	Rb	Sr	Y
JX-5	8.389	2.878	2.753	0.000	0.012	39.247	0.220	0.030	4.022	0.010	2.171	0.095	0.424	0.852
TJX-5	26.264	6.361	2.347	0.002	0.009	28.821	0.612	0.076	3.707	0.009	3.936	0.213	0.876	1.447
D-2	74.979	6.386	1.212	0.051	0.171	154.457	1.931	0.422	1.391	0.131	8.294	0.226	5.636	1.317
JD-2	30.574	2.165	2.179	0.015	0.052	82.286	0.819	0.075	0.633	0.031	5.984	0.126	1.659	0.705
TJD-2	26.500	2.146	1.499	0.000	0.007	31.739	0.674	0.065	0.984	0.009	4.279	0.089	1.340	0.623
D-3	27.939	1.771	0.901	0.007	0.066	83.126	0.805	0.111	1.111	0.079	8.882	0.120	2.125	0.648
JD-3	27.309	10.513	3.707	0.005	0.016	55.465	0.638	0.063	3.849	0.012	3.583	0.126	0.788	2.130
TJD-3	30.519	11.014	3.072	0.005	0.004	37.440	0.777	0.069	3.891	0.006	3.372	0.106	0.886	2.150
D-5	20.711	2.122	0.537	0.020	0.064	37.387	0.594	0.123	0.800	0.017	6.078	0.168	2.167	0.720
JD-5	13.598	5.999	2.080	0.003	0.015	26.330	0.372	0.069	3.296	0.005	3.635	0.176	0.830	1.091
TJD-5	15.744	7.173	2.101	0.010	0.004	22.935	0.446	0.080	3.822	0.003	2.050	0.140	0.901	1.189
M-1	23.531	1.803	2.219	0.042	0.040	133.213	0.596	0.090	0.995	0.135	9.075	0.129	1.562	0.456
JM-1	26.335	5.838	6.240	0.026	0.001	71.238	0.631	0.029	4.972	0.018	3.748	0.029	0.314	0.757
TJM-1	29.969	6.562	6.316	0.041	0.000	47.092	0.682	0.036	4.978	0.013	1.735	0.028	0.339	0.791
M-3	46.605	5.641	1.155	0.056	0.055	109.771	1.210	0.210	0.403	0.174	15.440	0.288	6.255	2.359
JM-3	177.276	58.966	2.389	0.057	0.007	52.027	3.978	0.352	1.375	0.024	17.948	0.156	3.389	7.185
TJM-3	183.152	62.394	2.207	0.057	0.000	37.377	4.196	0.379	1.363	0.015	10.344	0.160	3.501	7.257
M-4	17.836	1.311	2.606	0.051	0.028	143.048	0.462	0.066	0.452	0.184	6.862	0.095	1.739	0.490
JM-4	52.089	7.215	3.794	0.046	0.004	79.734	1.191	0.283	2.874	0.017	19.598	0.224	1.300	1.102
TJM-4	50.796	6.875	3.333	0.046	0.000	53.146	1.191	0.298	2.686	0.013	14.484	0.209	1.297	0.997

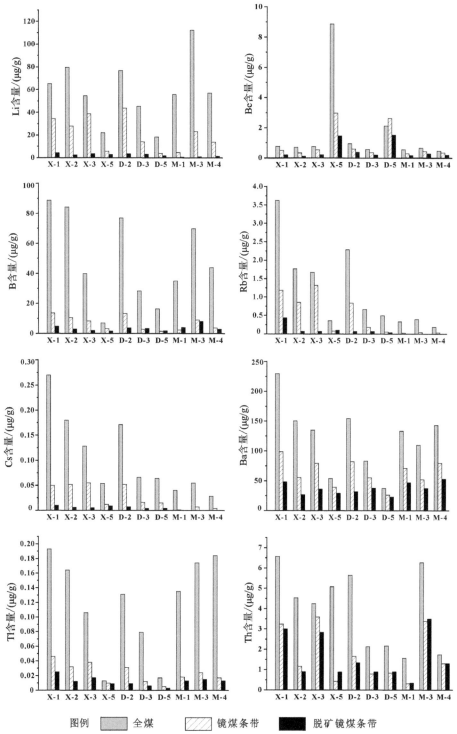

图 5-23 寺河煤矿和赵庄煤矿山西组 3 号煤的全煤、镜煤条带、脱矿镜煤条带中 Li、Be、B、Rb、Cs、Ba、Tl、Th 含量对比图

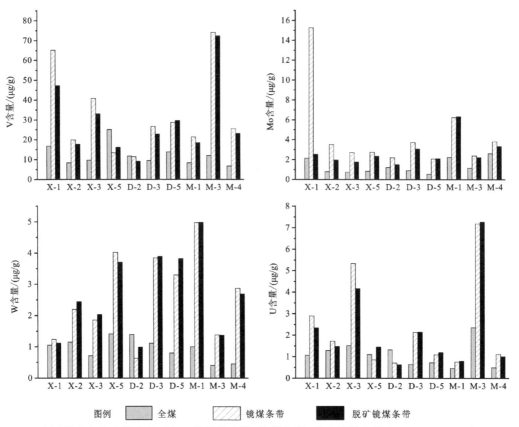

图 5-24 寺河煤矿和赵庄煤矿山西组 3 号煤的全煤、镜煤条带、脱矿镜煤条带中 V、Mo、W、U 含量对比图

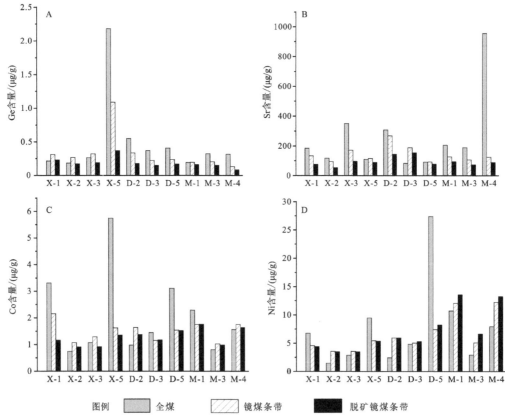

图 5-25 寺河煤矿和赵庄煤矿山西组 3 号煤的全煤、镜煤条带、脱矿镜煤条带中 Ge(A)、Sr(B)、Co(C)、Ni(D) 含量对比图

中的Ge主要呈四价氧化态，和氧以变形八面体的配位结构赋存于煤的有机质中。张淑苓等（1987）采用微区成分分析方法在镜质体中检测到0.07%~0.65%的Ge。由此可见，低煤阶煤中Ge与有机质关系密切。

前人的研究表明，低煤阶煤中的Ge主要为有机结合态，本书所研究的煤为高阶烟煤—半无烟煤，煤中也存在有机结合态Ge，说明高阶煤中也存在有机结合态的Ge。

三、稀土元素

寺河煤矿和赵庄煤矿全煤样品中总稀土含量（ΣREY）为15.15~149.78$\mu g/g$，平均值为60.69$\mu g/g$（表5-7）。煤中稀土元素配分模式可以分为3种类型，第一种为N-型，包括样品X-1、X-2、M-3和D-5，其特征在于LREY、MREY和HREY间的分异较小；第二种为H-型，包括样品X-5、M-1、M-2和M-4，以HREY富集为特征；第三种为L-型，包括样品X-3、D-2和D-3，以LREY富集为特征（图5-26）。

相比于全煤样品，镜煤条带中的稀土元素变化相对较小。除了镜煤条带样品JD-2（ΣREY值为70.98$\mu g/g$），其他镜煤条带样品ΣREY值的变化范围为10.01~42.44$\mu g/g$（表5-7）。镜煤条带中REY所占比例[①]变化范围为10%~70%，可能主要是由于不同煤样中的含REY矿物的种类及含量差异较大，从而导致全煤样品中REY含量变化较大。镜煤条带中的REY值变化较小可能反映了有机物质对REY的较为相似且均一的束缚能力。相比于镜煤条带，脱矿镜煤条带的REY含量通常稍低，一般比镜煤条带中的REY含量低2%~28%。说明经HCl-HF处理后，镜煤条带中REY的酸溶性较低。少量脱矿镜煤条带（TJX-3、TJD-3、TJD-5和TJM-2）中的REY值比镜煤条带中的REY值略高，可能是这些镜煤条带中的REY含量较低，分析误差积累所致。此外，不管全煤的稀土元素配分模式类型如何，镜煤条带中的La_N/Lu_N值通常低于全煤中的La_N/Lu_N值（表5-7；JX-2和JD-2除外），说明相比于全煤，镜煤条带相对富集重稀土元素HREY。类似的规律在脱矿镜煤条带和镜煤条带的对比中也出现过，即脱矿镜煤条带中的La_N/Lu_N值比镜煤条带中的略小或相近（TJX-1、TJX-3和TJD-3除外，其La_N/Lu_N值比镜煤条带中的略高）。因此，可以推测脱矿镜煤条带比镜煤条带更为富集HREY。

镜煤条带中更为富集HREY的这一特点在其配分模式中也得以体现。不管全煤样品的配分模式是哪一种，镜煤条带的REY配分模式高度相似，都为H-型配分模式（图5-26；JD-2和JX-2除外）。对于具有N-型稀土元素配分模式的全煤样品来说，其镜煤条带通常比全煤具有更低的LREY含量和更高的HREY含量（图5-26A—C；X-1、M-3、D-5）。对于具有H-型稀土元素配分模式的全煤样品来说，其镜煤条带通常比全煤具有更低的LREY含量和近似/略低的HREY含量（图5-26D—F；M-1、M-2和M-4），或者镜煤条带与全煤具有相似配分曲线形态，其LREY和HREY分馏程度相似（图5-26G；X-5）。对于具有L-型稀土元素配分模式的全煤样品来说，其镜煤条带通常比全煤具有低得多的LREY含量和近乎相等的HREY含量（图5-26H、I；X-3、D-3）。一般而言，脱矿镜煤条带的稀土元素配分模式与镜煤条带的相似，通常呈H-型配分模式类型。然而，仍然有些现象无法解释，需要进一步深入工作。例如，JD-2和JX-2的配分模式分别为L-型和N-型，而非H-型。

总体来说，REY含量的变化顺序为：全煤≫镜煤条带≥脱矿镜煤条带。这说明煤中REY含量主要受其无机矿物含量控制。镜煤条带的H-型稀土元素配分模式以及其相对于较低的La_N/Lu_N值（相对于全煤），说明有机组分相比于无机组分具有更强的HREY亲和性。脱矿镜煤条带相比于镜煤条带更加富集HREY进一步支持了这一结论。本研究得出的这一结论与前人的观点一致，前人的研究结果也表明HREY比LREY具有更强的有机亲和性（Lin et al., 2017; Finkelman et al., 2018; Wei et al., 2017）。

[①] 镜煤条带中REY所占比例＝镜煤条带中REY含量/全煤中REY含量×100%。

表 5-7 寺河煤矿和赵庄煤矿全煤、镜煤条带、脱矿镜煤条带中稀土元素含量及稀土元素特征参数

(全煤基；单位：μg/g)

样品编号	La	Ce	Pr	Nd	Sm	Eu	Gd	Tb	Dy	Y	Ho	Er	Tm	Yb	Lu	∑REY	La_N/Lu_N
X-1	10.914	17.771	2.062	7.484	1.540	0.329	1.474	0.264	1.452	8.916	0.314	0.887	0.143	0.886	0.135	54.57	0.81
JX-1	1.378	3.593	0.522	2.509	0.829	0.192	0.890	0.171	1.093	6.322	0.241	0.649	0.107	0.738	0.110	19.35	0.12
TJX-1	1.736	3.898	0.544	2.298	0.748	0.146	0.758	0.148	0.889	5.550	0.212	0.592	0.098	0.649	0.096	18.36	0.18
X-2	7.956	19.009	2.045	7.040	1.431	0.255	1.202	0.230	1.390	9.080	0.305	0.914	0.144	0.910	0.138	52.05	0.58
JX-2	4.530	11.362	1.285	4.446	0.816	0.139	0.664	0.123	0.699	3.854	0.160	0.439	0.070	0.443	0.063	29.09	0.72
TJX-2	3.571	8.446	0.963	3.228	0.595	0.115	0.552	0.107	0.664	3.679	0.145	0.435	0.068	0.445	0.058	23.07	0.61
X-3	50.360	65.701	5.550	15.666	1.956	0.358	1.483	0.253	1.125	5.944	0.210	0.559	0.079	0.474	0.067	149.78	7.53
JX-3	2.456	3.888	0.397	1.406	0.418	0.100	0.509	0.111	0.720	3.977	0.166	0.468	0.077	0.511	0.073	15.28	0.34
TJX-3	2.706	5.073	0.534	1.890	0.500	0.098	0.529	0.107	0.703	3.913	0.161	0.464	0.078	0.509	0.073	17.34	0.37
X-5	11.890	24.866	2.859	11.002	2.474	0.442	2.534	0.483	3.099	25.236	0.795	2.386	0.408	2.656	0.444	91.57	0.27
JX-5	3.024	6.391	0.817	3.188	0.880	0.185	1.059	0.213	1.411	11.730	0.365	1.104	0.197	1.255	0.201	32.02	0.15
TJX-5	2.900	5.971	0.764	3.078	0.794	0.162	1.016	0.205	1.360	10.833	0.347	1.087	0.186	1.203	0.190	30.10	0.15
D-2	25.637	37.980	3.694	11.942	2.031	0.402	1.901	0.348	1.885	11.481	0.410	1.090	0.175	1.113	0.165	100.25	1.55
JD-2	22.386	29.376	2.600	7.837	1.077	0.207	0.877	0.156	0.747	4.565	0.159	0.442	0.066	0.417	0.065	70.98	3.46
TJD-2	15.778	20.069	1.805	5.236	0.709	0.129	0.645	0.114	0.650	4.488	0.151	0.429	0.072	0.482	0.071	50.83	2.22
D-3	11.558	18.856	1.937	6.323	1.215	0.203	0.954	0.165	0.916	5.403	0.184	0.494	0.077	0.468	0.064	48.82	1.81
JD-3	2.064	3.333	0.346	1.271	0.339	0.088	0.497	0.115	0.760	4.717	0.176	0.505	0.082	0.509	0.069	14.87	0.30
TJD-3	3.387	4.873	0.472	1.690	0.391	0.085	0.522	0.121	0.813	5.116	0.195	0.514	0.091	0.571	0.081	18.92	0.42

续表 5-7

样品编号	La	Ce	Pr	Nd	Sm	Eu	Gd	Tb	Dy	Y	Ho	Er	Tm	Yb	Lu	ΣREY	La_N/Lu_N
D-5	11.623	23.900	2.662	9.544	1.881	0.305	1.798	0.315	1.922	14.476	0.434	1.253	0.203	1.271	0.192	71.78	0.61
JD-5	5.019	11.374	1.321	4.874	1.116	0.222	1.319	0.247	1.518	12.390	0.382	1.109	0.186	1.172	0.191	42.44	0.26
TJD-5	5.171	11.289	1.317	5.190	1.242	0.234	1.405	0.277	1.736	14.262	0.450	1.274	0.225	1.417	0.227	45.71	0.23
M-1	2.054	4.964	0.716	2.970	0.732	0.156	0.682	0.122	0.718	4.643	0.162	0.462	0.072	0.463	0.070	18.99	0.30
JM-1	1.080	2.880	0.380	1.612	0.457	0.095	0.468	0.101	0.620	3.578	0.141	0.400	0.068	0.420	0.060	12.36	0.18
TJM-1	0.907	2.518	0.346	1.520	0.441	0.105	0.484	0.105	0.634	3.855	0.155	0.418	0.073	0.453	0.066	12.08	0.14
M-2	2.222	7.270	1.107	4.682	1.107	0.217	1.002	0.177	1.014	6.284	0.220	0.590	0.098	0.622	0.089	26.70	0.25
JM-2	0.253	2.023	0.423	2.021	0.652	0.146	0.652	0.125	0.749	4.338	0.163	0.447	0.077	0.483	0.068	12.62	0.04
TJM-2	0.265	2.084	0.421	2.120	0.632	0.148	0.638	0.132	0.802	4.652	0.179	0.476	0.081	0.520	0.069	13.22	0.04
M-3	4.816	14.263	1.823	6.906	1.396	0.251	1.255	0.221	1.197	7.035	0.251	0.662	0.104	0.628	0.091	40.90	0.53
JM-3	1.150	3.665	0.485	1.910	0.584	0.114	0.608	0.126	0.818	4.859	0.183	0.540	0.090	0.576	0.080	15.79	0.14
TJM-3	0.903	2.962	0.393	1.570	0.500	0.116	0.622	0.131	0.852	5.030	0.196	0.532	0.092	0.599	0.079	14.58	0.11
M-4	0.987	3.399	0.569	2.574	0.722	0.154	0.663	0.118	0.683	4.182	0.155	0.406	0.066	0.418	0.057	15.15	0.17
JM-4	0.528	1.723	0.290	1.283	0.439	0.100	0.392	0.090	0.584	3.481	0.134	0.403	0.070	0.424	0.068	10.01	0.08
TJM-4	0.452	1.491	0.257	1.260	0.390	0.087	0.411	0.089	0.551	3.400	0.142	0.379	0.073	0.436	0.063	9.48	0.07

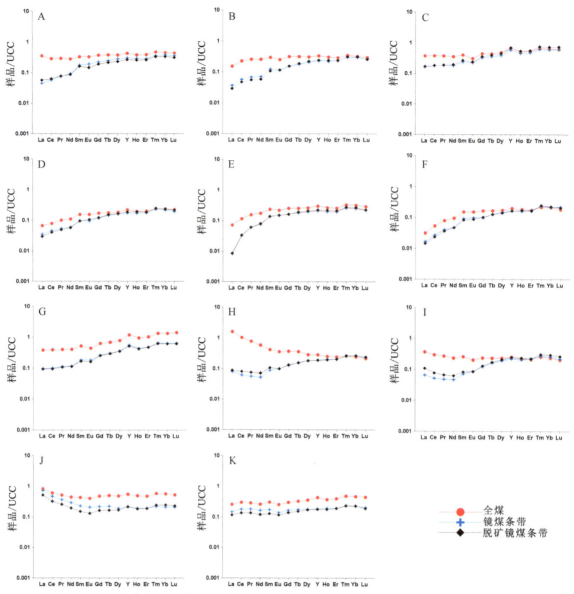

图 5-26　寺河煤矿、赵庄煤矿的全煤、镜煤条带、脱矿镜煤条带的稀土元素配分模式对比图
A. 样品 X-1；B. 样品 M-3；C. 样品 D-5；D. 样品 M-1；E. 样品 M-2；F. 样品 M-4；
G. 样品 X-5；H. 样品 X-3；I. 样品 D-3；J. 样品 D-2；K. 样品 X-2；

然而，镜煤条带中被 HCl-HF 淋溶出的元素可能是水溶和/或 HCl-HF 溶的，也就意味着这些元素可能以离子交换的形式存在，或者赋存溶于 HCl-HF 的矿物中（例如碳酸盐矿物、硫化物、硅酸盐矿物等），或者被有机质弱束缚着（Wei et al.，2017）。另外，在脱矿的过程中，HCl-HF 可能无法接触一些被有机质包裹的微小矿物，以至于有些矿物经过脱矿处理后，仍然残留在镜煤条带中。因此，在经过 HCl-HF 脱矿处理后，镜煤条带中与有机质弱结合的元素可能会被淋溶出来，而在脱矿镜煤条带中的某些 REY 可能并不是与有机质结合，而是赋存在残余矿物中。在评估煤中 REY 的有机亲和性的时候，这些情况都应该考虑。在本研究中，HCl-HF 淋溶出来的 REY 的量很有限，可能说明了镜煤条带中赋存于矿物或者被有机质弱束缚的 REY 较少。这可能是所研究煤的煤阶较高，且镜煤条带中含 REY 矿物较少所致。因此，本研究中 HCl-HF 脱矿处理带来的潜在误差不会从根本上影响对煤中 REY 有机亲和性的判断。

第五节 本章小结

本章对沁水盆地山西组 3 号煤中常量元素、微量元素和稀土元素的含量及分布特征进行了总结,对比了全煤和镜煤条带中常量元素、微量元素和稀土元素的含量差异,并在此基础上对元素的亲和性进行了初步分析。得出的主要结论如下:

(1)沁水盆地山西组 3 号煤中常量元素均以 Si 和 Al 为主。与中国煤中常量元素平均值相比,煤中除 P_2O_5 含量略高于中国煤外,其他元素含量均值都低于中国煤。煤中常量元素含量偏低可能与其灰分产率较低有关。

(2)垂向上,煤的灰分产率在剖面上底至顶呈递减趋势,SiO_2、Al_2O_3、Na_2O 和 TiO_2 含量在垂向上的变化趋势和灰分产率的相似,且其顶底板和夹矸中以及靠近夹矸的煤中相对较高,表明这些元素主要以无机结合态赋存于含煤岩系中。MgO 在垂向上的变化趋势与 CaO 的相似,可能主要受碳酸盐矿物含量变化的影响。

(3)与中国煤中微量元素平均含量相比,沁水盆地山西组 3 号煤中的 Li 轻度富集。

(4)煤中稀土元素总含量(ΣREY)平均值为 $78.41\mu g/g$。垂向上,煤中 REY 下部煤层高于上部煤层。La 含量、La_N/Yb_N 值、La_N/Sm_N 值具有相似的垂向变化规律,且均与 REY 垂向变化规律相似,可能说明 La 含量主要控制 ΣREY 变化,同时也影响着轻、重稀土分异程度,以及轻稀土元素间的分异程度。

(5)沁水盆地山西组 3 号煤中稀土元素的配分模式可以分为正常型(N-型)、轻稀土富集型(L-型)、重稀土富集型(H-型)3 类,以 H-型为主。煤层顶底板和夹矸中稀土元素配分模式主要为 L-型。煤中稀土元素配分模式与顶底板和夹矸中稀土元素配分模式存在明显差异,可能是由于煤中有机质含量高、其重稀土元素亲和性更强。

(6)对比全煤、镜煤条带、脱矿镜煤条带中常量元素特征发现,在镜煤条带和脱矿镜煤条带中存在一定量的常量元素 Al、Ca、Fe、Mg、Na、K 和 Ti,说明高阶煤中常量元素也存在一定的有机结合态。

(7)不管全煤 REY 配分模式为何种类型,镜煤条带的 REY 配分模式高度相似,都为 H-型,且其 La_N/Lu_N 值明显低于全煤,说明有机组分相比于无机组分具有更强的 HREY 亲和性。

第六章　煤中微量元素的赋存状态

本章介绍了煤中微量元素赋存状态的研究方法，分析了微量元素与灰分产率、Al_2O_3、TiO_2、CaO 间的相关性，总结了煤中微量元素赋存状态的总体特征。在此基础上，基于逐级化学提取和浮沉实验的结果，重点揭示了煤中有益/关键金属元素稀土元素和 Li 的赋存状态，并探讨了煤中稀土元素有机亲和性的差异性及其形成机制，以及煤中 Li 赋存状态的控制因素。

从地球化学的角度来看，煤中元素的赋存状态主要指的是元素在煤中的存在形式（刘桂建等，1999）。查明元素的赋存状态对于探讨煤中元素的来源，揭示它在成煤作用过程中的地球化学行为至关重要。元素在煤中的赋存状态是揭示它在煤中异常富集机理的基础。此外，煤中元素的赋存状态直接决定了它在煤开采、存放、加工利用等过程中迁移转化的难易程度，并影响它对人体和环境的危害效应。研究煤中微量元素的赋存状态，对于深入了解元素的迁移机制与富集规律，评价元素利用价值及评估元素环境效应，合理开发利用煤炭资源、减少煤炭带来的环境健康问题具有重要意义。

虽然间接方法只能在一定程度上反映元素的赋存状态，但目前煤中元素赋存状态研究多基于间接方法。例如，相关性分析、逐级化学提取、浮沉实验（密度分离实验）等。相关性分析是根据相关系数来判定元素的赋存状态。常用的是根据煤的灰分产率、硫含量、常量元素含量与微量元素含量的相关系数来判定元素的赋存状态（任德贻等，2006）。煤的灰分产率通常与煤中无机组分含量有直接关系，通过煤中元素含量与煤灰分产率的相关性分析，可以研究煤中元素与煤中无机组分的关系，分析煤中微量元素的无机/有机亲和性。煤中元素与 S 含量的相关性分析可为元素与硫的亲和性判断提供依据。此外，通过分析煤中微量元素与常量元素的相关性，可以推测这些元素在煤中某些矿物中的赋存特征。例如，Querol 等（1993）曾分别计算了 Al（代表铝硅酸盐化合物）、Fe（代表硫化物）、Zr（代表重矿物）、P（代表羟磷灰石）、碳含量（代表有机质）等参数与微量元素含量的相关系数，以判别微量元素的赋存状态。

逐级化学提取属于化学方法，即选择适当的化学试剂及条件将固体煤样中的金属元素选择性地提取到特定的溶液中，从而测定溶液中该金属元素的丰度并确定它们在样品中的赋存状态，使赋存状态的研究定量化（任德贻等，2006）。逐级化学提取尽管是一种间接地揭示煤中元素赋存状态的方法，却可以为煤中元素赋存状态的研究提供定量的数据（Finkelman et al.，2018）。由于煤中微量元素赋存状态的复杂性，以往对微量元素赋存状态的讨论大多是定性的，定量地确定不同形态微量元素比例是较为困难的。目前，逐级化学提取法是间接研究煤中元素赋存状态的重要方法之一，同时逐级化学提取实验结果对于研究煤中金属元素的释放能力也有重要意义（任德贻等，2006）。逐级化学提取用于研究煤中微量元素的赋存状态越来越广泛。美国学者 Dreher 等（1992）采用逐级化学提取方法将美国怀俄明州煤中Se 的赋存状态分为水溶态、离子交换态、黄铁矿结合态、细分散硫化物和硒酸盐结合态、黏土和硅酸盐结合态、有机态。西班牙学者 Querol 等（1996b）将煤中微量元素赋存状态分为水溶态、离子交换态、碳酸盐及氧化物结合态、有机态和硫化物结合态。英国学者 Cavender 等（1995）将煤中微量元素赋存状态分为水溶态、方解石-可交换态和单硫化物态、碳酸盐态和部分黄铁矿结合态、其他黄铁矿、有机态、硅酸盐态。张军营(1999)和代世峰(2002)将煤中微量元素赋存状态分为水溶态、离子交换态、有机态、碳酸盐态、铝硅酸盐态、硫化物态。Finkelman等(2018)采用醋酸、盐酸、氢氟酸和硝酸四步酸溶法对20个煤样中42个元素的赋存状态进行了总结。不同学者在进行逐级化学提取实验时采取的提取方法不尽相同。不同煤中所含的矿物种类及含量不同,因此,需要结合具体的研究对象,选用最佳的逐级化学提取方案。

浮沉实验是较早用于间接研究煤中元素赋存状态的重要方法。该方法的原理是通过测定不同密度级组分中的元素含量来间接推测煤中元素的赋存状态(任德贻等,2006)。Martinez-Torazona等(1992)在研究澳大利亚烟煤时,将煤破碎到0.212mm粒度级别,将煤的密度(1.50~2.40g/cm^3)分为6个级别,并对每个密度级中矿物和微量元素进行了分析,从而对元素的赋存状态进行判断。Querol等(1996b)在研究西班牙Mequinenza次烟煤时,将煤破碎到粒度小于0.25mm级别,并将煤样密度(1.3~2.8g/cm^3)分为11个级别。他的研究结果认为,有机质主要分布于1.3~1.5g/cm^{3}密度级中,石英、菱铁矿、方解石、黏土矿物主要富集于2.4~2.8g/cm^{3}密度级中,硬石膏、斜绿泥石、黄铁矿、白铁矿、黄钾铁矾、金红石、微斜长石等在2.6~2.8g/cm^{3}密度级中,密度>2.8g/cm^{3}的矿物主要有硫化物、金红石、锐铁矿、电气石等。同时,他还对每个密度级中微量元素进行了分析测定,以此来研究微量元素赋存状态。用浮沉实验分析煤中微量元素的赋存状态关键要选择合适的煤样粒度和浮沉介质密度级(张军营等,1998)。样品粒度越小,可以使煤有机质中更多的微细矿物颗粒得以释放,但样品过细又会造成浮沉的困难。浮沉介质应该选择有机试剂以避免对无机元素含量测定的影响,浮沉介质的密度范围一般为1.28~2.8g/cm^3,密度液的分级要充分考虑煤中矿物的种类(任德贻等,2006)。需要注意的是,运用浮沉实验结果推断煤中微量元素赋存状态时,应十分重视各个密度级组分的矿物学研究。有的轻组分中可能含有细分散矿物,甚至亚微米级矿物,对微量元素的赋存状态研究有着十分明显的影响(张军营等,1998)。

本章主要基于相关分析、逐级化学提取和浮沉实验等方法对沁水盆地山西组3号煤中元素的赋存状态进行探讨。

第一节 煤中微量元素赋存状态总体特征

煤在燃烧灰化的过程中,煤中元素的迁移变化与其赋存状态密切相关。以有机结合态赋存于煤中的微量元素,往往会随着烟尘挥发进入空气中;以无机结合态赋存于煤中的微量元素,则大多会保留在煤灰中。灰分产率越高,煤中不易挥发的无机态微量元素含量越高,因此,通过分析灰分产率与微量元素含量间的相关关系,可以在一定程度上判断煤中微量元素的有机/无机亲和性。

本章利用SPSS软件对沁水盆地山西组3号煤中微量元素与灰分产率进行相关性分析。如表6-1所示,根据沁水盆地山西组3号煤中微量元素与灰分产率相关系数r_{ash}的大小,可分为4个组:①组A,$0.70<r_{ash}\leq1.00$仅包含U,表现为显著的正相关,指示U在煤中的赋存状态为无机结合态;②组B,$0.50<r_{ash}\leq0.70$,包含的元素有Th、Bi、Li、Ga、Hf、Sc、Cu,表明这些元素在煤中的赋存状态主要为无机结合态;③组C,$0.30<r_{ash}\leq0.50$,包含的元素有Zr、Nb、Cr、Zn、REY、Pb、Cs、Ta、Rb、Cd,这些元素在煤中的赋存状态至少有一部分为无机结合态;④组D,$-0.30<r_{ash}\leq0.30$,包含的元素有W、Be、Ba、Mo、Ni、Co、Sr、V,这些元素在煤中的赋存状态为无机-有机结合态。

表 6-1　沁水盆地山西组 3 号煤中微量元素与灰分产率及 Al_2O_3、TiO_2、CaO 的相关系数

r	分组		所包含的元素及其相关系数
与灰分产率的相关系数 r_{ash}	组 A	$0.70 < r_{ash} \leqslant 1.00$	U(0.74**)
	组 B	$0.50 < r_{ash} \leqslant 0.70$	Th(0.65**)、Bi(0.60**)、Li(0.59**)、Ga(0.58**)、Hf(0.58**)、Sc(0.57**)、Cu(0.50**)
	组 C	$0.30 < r_{ash} \leqslant 0.50$	Zr(0.48**)、Nb(0.45**)、Cr(0.45**)、Zn(0.45**)、REY(0.45**)、Pb(0.44**)、Cs(0.44**)、Ta(0.43**)、Rb(0.36**)、Cd(0.35*)
	组 D	$0 < r_{ash} \leqslant 0.30$	W(0.24)、Be(0.20)、Ba(0.19)、Mo(0.10)、Ni(0.02)、Co(0.004)、Sr(-0.05)、V(-0.08)
与 Al_2O_3 的相关系数 r_{Al}	组 A	$0.70 < r_{Al} \leqslant 1.00$	Th(0.83**)、Li(0.81**)、U(0.77**)、Bi(0.76**)、Hf(0.72**)
	组 B	$0.50 < r_{Al} \leqslant 0.70$	Ta(0.61**)、Nb(0.59**)、Ga(0.55**)、Sc(0.53**)、Zr(0.52**)
	组 C	$0.30 < r_{Al} \leqslant 0.50$	Cu(0.50**)、Zn(0.48**)、REY(0.45**)、Cr(0.45**)、Cd(0.42**)、Cs(0.41**)、W(0.40**)、Pb(0.36**)、Rb(0.33*)
与 TiO_2 的相关系数 r_{Ti}	组 A	$0.70 < r_{Ti} \leqslant 1.00$	Ta(0.96**)、Nb(0.95**)、Cd(0.90**)、W(0.89**)、Zn(0.83**)、Bi(0.80**)、Hf(0.80**)、Zr(0.72**)
	组 B	$0.50 < r_{Ti} \leqslant 0.70$	Th(0.63**)、U(0.58**)、Cu(0.55**)、Cr(0.50**)
	组 C	$0.30 < r_{Ti} \leqslant 0.50$	Sc(0.47**)、Pb(0.37**)、Li(0.35*)、Ga(0.32*)、Cs(0.32*)
与 CaO 的相关系数 r_{Ca}		$r_{Ca} > 0.50$	Sr(0.59**)

注：**表示在 0.01 级别上相关性显著；*表示在 0.05 级别上相关性显著。

煤中常见的无机矿物主要有黏土矿物、碳酸盐矿物、硫化物矿物、磷酸盐矿物等，此外，还有部分重矿物。本章以 Al_2O_3 代表铝硅酸盐矿物、CaO 代表碳酸盐矿物、TiO_2 代表重矿物，分析微量元素与这三者的相关关系，其结果见表 6-1。本研究区样品的 XRD 和扫描电子显微镜结果中所见到的硫化物矿物和磷酸盐矿物均较少，因此未作分析。

(1)根据微量元素与 Al_2O_3 的相关系数 r_{Al} 的大小，主要分为 3 个组：①组 A，$0.70 < r_{Al} \leqslant 1.00$，包含的元素有 Th、Li、U、Bi、Hf，表现为较为强的正相关关系，表明 Li、Bi 可能主要赋存于铝硅酸盐中，而 Th、U、Hf 等高场强元素可能主要是铝硅酸盐矿物和重矿物(Th、U、Hf 的寄主矿物)都较为稳定，常共(伴)生出现所致；②组 B，$0.50 < r_{Al} \leqslant 0.70$，包含的元素有 Ta、Nb、Ga、Sc、Zr，表现出较强的正相关性，表明 Ga、Sc 可能部分赋存于铝硅酸盐中，Ta、Nb、Zr 可能主要是铝硅酸盐矿物和重矿物(Ta、Nb、Zr 的

寄主矿物)都较为稳定,常共(伴)生出现所致;③组C,$0.30<r_{Al}\leqslant 0.50$,包含的元素有Cu、Zn、REY、Cr、Cd、Cs、W、Pb、Rb,这些元素可能部分赋存于铝硅酸盐矿物中。

(2)根据微量元素与TiO_2的相关系数r_{Ti}的大小,主要分为3个组:①组A,$0.70<r_{Ti}\leqslant 1.00$,包含元素Ta、Nb、Cd、W、Zn、Bi、Hf、Zr,这些元素与TiO_2呈强的正相关性,表明这些元素可能赋存于重矿物中;②组B,$0.50<r_{Ti}\leqslant 0.70$,包含元素Th、U、Cu、Cr,这些元素与$TiO_2$呈较强的正相关性,表明这些元素可能主要赋存于重矿物中;③组C,$0.30<r_{Ti}\leqslant 0.50$,包含元素Sc、Pb、Li、Ga、Cs,表明这些元素可能部分赋存于重矿物中。

(3)研究区煤中微量元素与CaO的相关性较为明显的元素仅有Sr,其相关系数$r_{Ca}=0.59$,表明Sr主要赋存于碳酸盐矿物中。

第二节 煤中部分有益/关键金属元素的赋存状态

沁水盆地煤中的稀土元素和Li是潜在有益/关键金属元素。一方面,前人的研究中已经注意到沁水盆地晚古生代煤中稀土元素具有一定的有机亲和性(刘贝等,2015),但对于煤中稀土元素间有机亲和性的差异及其形成机制还缺乏清晰认识;另一方面,在第五章的研究中已经发现,沁水盆地山西组3号煤中Li具有略富集的特征,但煤中Li的赋存状态及其控制因素仍需进一步深入研究。基于此,本章主要选取稀土元素和Li作为重点研究对象,利用相关性分析、逐级化学提取、浮沉实验等方法手段,分析稀土元素和Li的赋存状态,结合元素自身性质,探讨煤中稀土元素有机亲和性的差异性及其形成机制,以及煤中Li赋存状态的控制因素。

一、稀土元素

1. 相关性分析

本章利用SPSS软件对沁水盆地山西组3号煤中稀土元素与灰分产率、部分常量元素进行相关性分析,结果如表6-2所示。沁水盆地山西组煤中总稀土元素(ΣREY)与灰分产率A_d间的相关系数r为0.45,呈现出一定的正相关关系,表明稀土元素具有一定的无机亲和性,煤中至少有一部分稀土元素呈无机结合态。煤中ΣREY与Al_2O_3、SiO_2、TiO_2之间呈现出一定程度的正相关关系,其相关系数r分别为0.45、0.64、0.14,表明煤中稀土元素可能部分赋存于硅铝酸盐矿物中和重矿物中。然而,A_d、Al_2O_3、SiO_2和TiO_2与不同的稀土元素间的相关性呈现一定程度的强弱差异。TiO_2与不同的稀土元素间的相关性则从La到Lu逐渐增大,可能指示重稀土元素与重矿物的亲和性最好。A_d、Al_2O_3和SiO_2与稀土元素间的相关系数,从轻稀土元素La逐渐增大,至中稀土元素增至最大,至重稀土元素又逐渐降低,但仍高于轻稀土元素,相关系数的差异性可能指示中稀土元素与重稀土元素的无机亲和性更好,或者指示中稀土、重稀土的负载矿物与铝硅酸盐矿物共(伴)生程度较高,从而导致中稀土元素、重稀土元素也呈现出与Al_2O_3相关程度较高的现象。此外,不同稀土元素间的相关性也有亲疏差异,总体上轻稀土元素间、中稀土元素间、重稀土元素间的相关性较好,而轻、重稀土元素间的相关性较差,例如La和Lu间的相关系数仅为0.21。由此可见,研究区煤中稀土元素间存在一定程度的分异,可能说明不同稀土元素的赋存载体存在差异。为了更进一步查明不同稀土元素赋存状态的差异,以下采用逐级化学提取和浮沉实验等方法进行进一步的研究。

表 6-2 沁水盆地山西组 3 号煤中稀土元素与灰分产率、SiO_2、Al_2O_3、TiO_2 之间的相关系数

	La	Ce	Pr	Nd	Sm	Eu	Gd	Tb	Dy	Y	Ho	Er	Tm	Yb	Lu	ΣREY	A_d	SiO_2	Al_2O_3	TiO_2
La	1.00																			
Ce	0.97**	1.00																		
Pr	0.91**	0.99**	1.00																	
Nd	0.86**	0.95**	0.99**	1.00																
Sm	0.69**	0.83**	0.90**	0.95**	1.00															
Eu	0.68**	0.81**	0.86**	0.90**	0.95**	1.00														
Gd	0.67**	0.81**	0.87**	0.92**	0.98**	0.97**	1.00													
Tb	0.56**	0.70**	0.77**	0.82**	0.94**	0.93**	0.95**	1.00												
Dy	0.44**	0.58**	0.65**	0.71**	0.86**	0.88**	0.88**	0.98**	1.00											
Y	0.33*	0.44**	0.51**	0.59**	0.73**	0.77**	0.77**	0.88**	0.94**	1.00										
Ho	0.35*	0.48**	0.55**	0.62**	0.78**	0.82**	0.81**	0.93**	0.99**	0.96**	1.00									
Er	0.31*	0.42**	0.49**	0.56**	0.72**	0.77**	0.75**	0.88**	0.96**	0.96**	0.99**	1.00								
Tm	0.25	0.36**	0.43**	0.49**	0.66**	0.73**	0.70**	0.85**	0.94**	0.95**	0.98**	0.995**	1.00							
Yb	0.23	0.34*	0.40**	0.47**	0.64**	0.71**	0.67**	0.83**	0.92**	0.94**	0.97**	0.99**	0.998**	1.00						
Lu	0.21	0.31*	0.37**	0.44**	0.60**	0.68**	0.64**	0.79**	0.90**	0.93**	0.96**	0.98**	0.99**	0.997**	1.00					
ΣREY	0.92**	0.97**	0.98**	0.97**	0.91**	0.90**	0.90**	0.83**	0.74**	0.64**	0.66**	0.61**	0.56**	0.54**	0.51**	1.00				
A_d	0.24	0.36**	0.42**	0.48**	0.63**	0.61**	0.64**	0.67**	0.63**	0.51**	0.58**	0.52**	0.50**	0.48**	0.44**	0.45**	1.00			
SiO_2	0.44**	0.56**	0.60**	0.61**	0.72**	0.69**	0.69**	0.80**	0.79**	0.68**	0.74**	0.68**	0.67**	0.64**	0.61**	0.64**	0.82**	1.00		
Al_2O_3	0.25	0.38**	0.44**	0.48**	0.62**	0.58**	0.61**	0.66**	0.63**	0.46**	0.56**	0.49**	0.47**	0.44**	0.39**	0.45**	0.84**	0.93**	1.00	
TiO_2	0.002	0.08	0.12	0.15	0.23	0.27	0.22	0.26	0.31*	0.29*	0.33*	0.33*	0.34	0.34	0.34	0.14	0.38**	0.50**	0.53**	1.00

注:**表示在 0.01 级别上相关性显著;*表示在 0.05 级别上相关性显著。

2. 逐级化学提取

在综合分析研究区煤中矿物组成特征的基础上，结合前人已有的逐级化学提取实验方法，例如 Dai 等（2004）、Wang 等（2014）和 Liu 等（2015）的六步提取法，Pan 等（2019）的四步提取法，以及 Finkelman 等（2018）所采用的醋酸、盐酸、氢氟酸和硝酸四步酸溶法，本研究采用六步提取法进行逐级化学提取实验。详细实验步骤见表 6-3。称取 200mg 粒度破碎到 200 目以下的煤样进行实验，煤样经超纯水—NH_4Ac（醋酸铵）—HCl—HNO_3—HF—$HClO_4$（高氯酸）六步法逐级化学提取之后，其赋存状态可划分为 6 个态：水溶态、可交换态、碳酸盐/磷酸盐/单硫化物态、有机态/双硫化物态、硅铝酸盐态、其他有机态。实验结果的有效性通过回收率来进行检测，回收率在 80%～120% 范围内的数据为有效数据。

表 6-3 逐级化学提取实验步骤

步骤	实验操作	提取条件	形态
1	称取 200mg 至离心管中，加入 40mL 超纯水	25℃超声 2h，涡旋 2h，静置 24h，离心（4000r/min）20min	水溶态
2	残留物加入 1mol/L NH_4Ac（醋酸铵）2mL	25℃超声 2h，涡旋 2h，静置 24h，离心（4000r/min）20min	可交换态
2	将清液转移至聚四氟罐中	150℃密闭溶解 12h，蒸干	可交换态
2	加入 1mL HNO_3 和 1mL 纯水	180℃密闭溶解 500min	可交换态
3	残留物加入 1% HCl 2mL	25℃超声 2h，涡旋 2h，静置 2h，离心（4000 转/分）20min	碳酸盐态
3	残留物加入 3mol/L HCl 2mL	25℃超声 2h，涡旋 2h，静置 2h，离心（4000r/min）20min	磷酸盐态/单硫化物态
4	残留物加入 2mol/L HNO_3 4mL	25℃超声 2h，涡旋 2h，静置 2h，离心（4000r/min）20min	有机态/双硫化物态
5	将残留物转入聚四氟罐中，加入 0.5mL HCl 和 1.5mL HF	150℃密闭溶解 12h，蒸干	硅铝酸盐态
5	加入 0.5mL HCl 和 4mL 纯水	150℃密闭溶解 12h	硅铝酸盐态
5	将清液转入离心管中	静置 2h，离心（4000r/min）20min	硅铝酸盐态
6	取 40mg 残留物（不足 40mg 则全部取完）至聚四氟罐中，加入 1.5mL HNO_3 和 0.25mL $HClO_4$	150℃密闭溶解 12h，蒸干	其他有机态
6	加入 1mL HNO_3	150℃密闭溶解 12h，蒸干	其他有机态
6	加入 1mL HNO_3＋2mL 纯水	150℃密闭溶解 12h	其他有机态

逐级化学提取实验结果显示，煤中能被超纯水淋滤提取出来的稀土元素（水溶态）很少，除了样品 P1-1（超纯水对稀土元素的提取率≤0.2%）、X-1（超纯水对稀土元素的提取率≤0.62%）、X-2（超纯水对稀土元素的提取率≤0.02%）、X-5（超纯水对稀土元素的提取率≤0.03%）、D-4（超纯水对稀土元素的提取率≤0.13%）之外，超纯水对其他样品中的稀土元素的提取率都为 0%（表 6-4、表 6-5、图 6-1）。

NH_4Ac 对煤中稀土元素（离子交换态）的提取率变化范围较大。样品 P1-1、S5-4、S5-8、S5-10、

S5-12、Y6-3、G8-1、G8-3、G8-5、G8-11 中,NH_4Ac 对其稀土元素的提取率<2%。NH_4Ac 对样品 X-1、X-2、X-5、D-2、D-3、D-4、M-1、M-2 的提取率则分别为 0.89%~2.87%、0.76%~5.84%、1.52%~7.31%、0.32%~2.5%、0.98%~16.48%、0.49%~4.05%、0.94%~13.43%、0.6%~4.74%。一般情况下,同一样品中,NH_4Ac 对煤中 MREY 提取率最高、对 LREY 提取率相对较低(表 6-4、表 6-5,图 6-1)。

HCl 对煤中稀土元素(碳酸盐、磷酸盐和单硫化物态)的提取率变化范围也较大。HCl 对样品 P1-1、S5-4、S5-8、S5-10、S5-12、Y6-3、G8-1、G8-3、G8-5、G8-11、X-1、X-2、X-5、D-2、D-3、D-4、M-1、M-2 中稀土元素的提取率分别为 3.02%~26.83%、10.06%~24.47%、1.56%~17.25%、3.98%~17.85%、8.24%~32.07%、5.13%~16.49%、10.69%~23.03%、16.95%~43.74%、12.68%~35.07%、2.96%~25.13%、9.1%~28.7%、1%~10.7%、2.2%~15.4%、0.3%~32.5%、13%~28.1%、4.6%~28.7%、12.2%~36.8%、1.5%~11.6%(表 6-4、表 6-5,图 6-1)。一般情况下,同一样品中,从 La 到 Lu,以第三态(碳酸盐、磷酸盐和单硫化物态)存在的稀土元素比例先增加后减小,在 MREY 处出现最大值,平面上呈现为向上凸的拱形。HCl 主要溶解的是煤中的碳酸盐、磷酸盐、单硫化物等矿物,其中磷酸盐矿物通常会富集 MREY(Hannigan et al.,2001)。在逐级化学提取实验中,HCl 对 MREY 呈现出较好的提取效果,可能是由于在所研究的煤样中,MREY 与磷酸盐有较好的亲和性。

相比于 HCl,HNO_3 对煤中稀土元素(部分有机态/双硫化物态)的提取率相对较小。HNO_3 对样品 P1-1、S5-4、S5-8、S5-10、S5-12、Y6-3、G8-1、G8-3、G8-5、G8-11、X-1、X-2、X-5、D-2、D-3、D-4、M-1、M-2 中稀土元素的提取率分别为 1.7%~10.5%、4%~12.2%、0.4%~2.3%、0.8%~3.1%、2.5%~3.5%、1.7%~7.8%、0.8%~2.7%、1.6%~3.9%、4.3%~7.1%、1.7%~20.1%、6.17%~16.71%、0.86%~3.59%、1%~6.92%、0.1%~3.61%、1.2%~1.89%、0.97%~7.03%、1.42%~2.42%、0.85%~3.26%(表 6-4、表 6-5,图 6-1)。被 HNO_3 提取出来的部分有机态/双硫化物态赋存于煤中的 REY 主要为有机质以及黄铁矿束缚的 REY。"部分有机态"在这里指的是赋存于相对容易遭受 HNO_3 淋溶影响的那部分有机质中的 REY,它所占比例较低,以区分于最后被 $HClO_4$ 消解的残留物(其他有机态)。

HF 对煤中稀土元素(硅酸盐态)的提取率总体较高。HF 对样品 P1-1、S5-4、S5-8、S5-10、S5-12、Y6-3、G8-1、G8-3、G8-5、G8-11、X-1、X-2、X-5、D-2、D-3、D-4、M-1、M-2 中稀土元素的提取率分别为 43.7%~89.7%、16.6%~31.7%、13.8%~45.4%、15.5%~48.4%、23%~72.4%、38.6%~61.5%、14.8%~34.8%、11.9%~43.4%、14.5%~47.5%、37.4%~78.9%、11.9%~36.2%、35.9%~62%、12.3%~43.5%、24.7%~62.4%、11.2%~50.5%、14.5%~47%、10.9%~44.5%、19.8%~51.9%(表 6-4、表 6-5,图 6-1)。同一样品中,整体上,从 La 到 Lu,以硅酸盐态存在的稀土元素比例多呈下降趋势。也有部分样品的 HF 提取率在 MREY 处出现最小值,在 HREY 处略有增加,但比例远低于 LREY(如样品 S5-10、G8-1、G8-3、G8-5、G8-11、D-2,图 6-1)。一般情况下,HF 提取的 REY 与煤中的硅酸盐矿物(如黏土、石英等)有关(Pan et al.,2019)。研究区煤中矿物组成主要以黏土矿物为主,因此,本研究中 HF 提取的 REY 可能主要为赋存于煤中黏土矿物中的 REY。

在被 $HClO_4$ 消解的残留物(其他有机态)中,稀土元素的比例在各样品中的分布情况如下:样品 P1-1、S5-4、S5-8、S5-10、S5-12、Y6-3、G8-1、G8-3、G8-5、G8-11、X-1、X-2、X-5、D-2、D-3、D-4、M-1、M-2 中其他有机态稀土元素的所占比例分别为 5.1%~23.8%、37.6%~66.2%、52.3%~71.2%、46.2%~66.2%、15%~53.2%、21.4%~54.1%、51%~60.6%、30.3%~50%、30.8%~49.6%、10.8%~30.2%、33.4%~48.9%、34.5%~49.5%、40.3%~82%、30.5%~48.3%、25.5%~62.9%、23.3%~78%、33%~51.9%、45.1%~68.2%(表 6-4、表 6-5,图 6-1)。一般情况下,同一样品中,从 La 到 Lu,残留物中所含有的 REY(其他有机态)比例呈现出上升趋势。需要注意的是,本研究将被 $HClO_4$ 消解的残留物中的 REY 都视为以其他有机态(第六态)形式赋存于煤中的 REY。实际上,在逐级提取过程中,没有被上述纯水、NH_4Ac、HCl、HNO_3、HF 等溶剂淋溶出来而保留在最终残留物中的 REY,既有可能赋

存于有机质中,也可能赋存于酸难溶矿物中,还有可能赋存于被有机质包裹的细小矿物中(Finkelman et al.,2018)。在这种情况下,"其他有机态"在这里包括被有机质束缚的REY,以及酸不溶矿物和被有机质包裹的细粒矿物中的REY。尽管这与真正意义上的"其他有机态"有一定区别,但这并不会从根本上改变我们对REY与有机质亲和性总体规律的认识。

表6-4 沁水盆地山西组3号煤中稀土元素逐级化学提取实验结果 （单位:μg/g）

煤样编号	相态	La	Ce	Pr	Nd	Sm	Eu	Gd	Tb	Dy	Y	Ho	Er	Tm	Yb	Lu
P1-1	1	0.02	0.03	0.00	0.01	0.00	0.00	0.00	0.00	0.00	0.01	0.00	0.00	0.00	0.00	0.00
	2	0.05	0.08	0.01	0.03	0.01	0.00	0.01	0.00	0.00	0.03	0.00	0.00	0.00	0.00	0.00
	3	0.43	1.36	0.20	0.89	0.28	0.06	0.30	0.06	0.27	1.57	0.06	0.13	0.02	0.11	0.02
	4	0.24	0.80	0.12	0.51	0.14	0.03	0.13	0.02	0.11	0.57	0.02	0.05	0.01	0.04	0.01
	5	12.67	22.11	2.24	7.31	1.00	0.18	0.93	0.09	0.50	3.02	0.11	0.32	0.05	0.33	0.05
	6	0.73	1.44	0.18	0.80	0.20	0.04	0.20	0.04	0.23	1.55	0.06	0.15	0.02	0.14	0.02
	回收率	98%	102%	101%	106%	103%	113%	100%	105%	99%	106%	105%	106%	94%	100%	101%
S5-4	1	0.00	0.00	0.00	0.00	0.00	0.00	0.00	0.00	0.00	0.00	0.00	0.00	0.00	0.00	0.00
	2	0.06	0.15	0.02	0.06	0.01	0.00	0.02	0.00	0.01	0.06	0.00	0.00	0.00	0.00	0.00
	3	1.24	3.17	0.39	1.55	0.35	0.09	0.34	0.05	0.22	1.26	0.04	0.09	0.01	0.07	0.01
	4	0.95	2.43	0.29	1.07	0.20	0.04	0.16	0.02	0.09	0.40	0.02	0.04	0.01	0.03	0.00
	5	2.62	6.29	0.75	2.78	0.48	0.08	0.34	0.04	0.22	1.36	0.05	0.14	0.02	0.13	0.02
	6	4.32	8.78	0.94	3.30	0.64	0.14	0.62	0.11	0.65	5.09	0.16	0.42	0.07	0.44	0.07
	回收率	81%	83%	84%	87%	86%	91%	88%	99%	92%	102%	100%	89%	91%	95%	98%
S5-8	1	0.00	0.00	0.00	0.00	0.00	0.00	0.00	0.00	0.00	0.00	0.00	0.00	0.00	0.00	0.00
	2	0.01	0.02	0.00	0.01	0.00	0.00	0.00	0.00	0.00	0.02	0.00	0.00	0.00	0.00	0.00
	3	0.04	0.12	0.02	0.13	0.07	0.00	0.09	0.02	0.12	0.59	0.02	0.05	0.01	0.04	0.01
	4	0.01	0.03	0.00	0.02	0.01	0.00	0.01	0.00	0.02	0.08	0.00	0.01	0.00	0.01	0.00
	5	1.23	1.77	0.17	0.57	0.11	0.02	0.11	0.02	0.11	0.73	0.03	0.07	0.01	0.08	0.01
	6	1.41	2.37	0.27	1.17	0.43	0.09	0.39	0.09	0.56	3.28	0.12	0.32	0.05	0.31	0.04
	回收率	90%	93%	94%	98%	96%	88%	95%	90%	95%	100%	98%	90%	92%	92%	88%
S5-10	1	0.00	0.00	0.00	0.00	0.00	0.00	0.00	0.00	0.00	0.00	0.00	0.00	0.00	0.00	0.00
	2	0.01	0.02	0.00	0.02	0.01	0.00	0.01	0.00	0.01	0.04	0.00	0.00	0.00	0.00	0.00
	3	0.03	0.22	0.05	0.29	0.13	0.03	0.12	0.03	0.14	0.72	0.03	0.06	0.01	0.05	0.01
	4	0.01	0.04	0.01	0.04	0.02	0.00	0.02	0.01	0.03	0.14	0.01	0.02	0.00	0.02	0.00
	5	0.38	1.06	0.17	0.74	0.18	0.03	0.13	0.03	0.17	1.12	0.04	0.11	0.02	0.12	0.02
	6	0.36	1.39	0.25	1.23	0.46	0.10	0.42	0.12	0.61	3.75	0.14	0.35	0.06	0.34	0.04
	回收率	102%	100%	99%	96%	91%	81%	99%	107%	92%	98%	92%	92%	92%	96%	92%

续表 6-4

煤样编号	相态	La	Ce	Pr	Nd	Sm	Eu	Gd	Tb	Dy	Y	Ho	Er	Tm	Yb	Lu
S5-12	1	0.00	0.00	0.00	0.00	0.00	0.00	0.00	0.00	0.00	0.00	0.00	0.00	0.00	0.00	0.00
	2	0.05	0.12	0.01	0.04	0.01	0.00	0.02	0.00	0.01	0.07	0.00	0.01	0.00	0.00	0.00
	3	0.67	1.61	0.21	0.92	0.32	0.10	0.42	0.09	0.39	1.90	0.07	0.17	0.02	0.14	0.02
	4	0.20	0.50	0.06	0.22	0.05	0.01	0.05	0.01	0.04	0.19	0.01	0.02	0.00	0.02	0.00
	5	5.92	12.14	1.30	4.47	0.77	0.14	0.58	0.07	0.34	1.76	0.07	0.19	0.03	0.18	0.03
	6	1.34	2.53	0.28	1.13	0.31	0.08	0.40	0.10	0.61	3.72	0.14	0.37	0.07	0.39	0.05
	回收率	98%	98%	98%	98%	97%	109%	95%	102%	94%	106%	98%	97%	97%	99%	92%
Y6-3	1	0.00	0.00	0.00	0.00	0.00	0.00	0.00	0.00	0.00	0.00	0.00	0.00	0.00	0.00	0.00
	2	0.08	0.17	0.02	0.07	0.02	0.00	0.02	0.00	0.01	0.08	0.00	0.01	0.00	0.01	0.00
	3	1.09	2.70	0.34	1.38	0.36	0.09	0.38	0.05	0.21	1.00	0.04	0.09	0.01	0.08	0.01
	4	0.72	1.81	0.22	0.87	0.21	0.04	0.17	0.02	0.08	0.32	0.01	0.03	0.00	0.03	0.00
	5	8.60	18.90	2.13	7.62	1.56	0.28	1.62	0.24	1.19	7.21	0.25	0.65	0.10	0.58	0.09
	6	3.54	7.15	0.80	2.94	0.61	0.11	0.67	0.15	0.97	7.66	0.24	0.69	0.12	0.79	0.12
	回收率	104%	105%	102%	103%	102%	102%	108%	108%	110%	116%	108%	108%	105%	103%	102%
G8-1	1	0.00	0.00	0.00	0.00	0.00	0.00	0.00	0.00	0.00	0.00	0.00	0.00	0.00	0.00	0.00
	2	0.02	0.06	0.01	0.03	0.01	0.00	0.01	0.00	0.01	0.06	0.00	0.01	0.00	0.01	0.00
	3	0.20	0.47	0.09	0.43	0.14	0.04	0.15	0.03	0.17	1.07	0.04	0.09	0.01	0.08	0.01
	4	0.01	0.06	0.01	0.05	0.02	0.00	0.02	0.00	0.02	0.12	0.00	0.01	0.00	0.01	0.00
	5	0.57	1.32	0.16	0.61	0.13	0.03	0.12	0.02	0.13	0.79	0.03	0.09	0.02	0.11	0.02
	6	0.84	2.48	0.34	1.51	0.43	0.08	0.41	0.09	0.50	2.92	0.11	0.30	0.05	0.29	0.04
	回收率	94%	93%	92%	99%	96%	101%	98%	94%	93%	97%	96%	97%	94%	98%	97%
G8-3	1	0.00	0.00	0.00	0.00	0.00	0.00	0.00	0.00	0.00	0.00	0.00	0.00	0.00	0.00	0.00
	2	0.01	0.04	0.01	0.02	0.01	0.00	0.01	0.00	0.01	0.09	0.00	0.01	0.00	0.01	0.00
	3	0.26	0.84	0.13	0.67	0.30	0.08	0.35	0.08	0.41	2.76	0.09	0.22	0.04	0.20	0.03
	4	0.02	0.10	0.01	0.07	0.03	0.01	0.02	0.01	0.03	0.17	0.01	0.02	0.01	0.01	0.01
	5	0.67	1.83	0.24	0.96	0.22	0.04	0.15	0.02	0.13	0.85	0.03	0.09	0.01	0.09	0.01
	6	0.57	1.49	0.20	0.85	0.31	0.06	0.37	0.07	0.49	3.15	0.11	0.29	0.05	0.29	0.04
	回收率	91%	92%	90%	95%	89%	85%	102%	101%	97%	97%	94%	96%	90%	94%	95%
G8-5	1	0.00	0.00	0.00	0.00	0.00	0.00	0.00	0.00	0.00	0.00	0.00	0.00	0.00	0.00	0.00
	2	0.03	0.08	0.01	0.05	0.01	0.00	0.02	0.00	0.01	0.09	0.00	0.01	0.00	0.01	0.00
	3	0.25	0.88	0.14	0.63	0.21	0.06	0.24	0.05	0.27	1.83	0.06	0.15	0.02	0.13	0.02
	4	0.10	0.42	0.06	0.24	0.06	0.01	0.06	0.01	0.05	0.30	0.01	0.03	0.01	0.03	0.00
	5	0.93	3.01	0.40	1.57	0.27	0.05	0.19	0.02	0.13	0.82	0.03	0.09	0.02	0.11	0.02
	6	0.68	1.95	0.27	1.18	0.32	0.07	0.31	0.06	0.41	2.62	0.10	0.25	0.04	0.25	0.04
	回收率	91%	90%	90%	97%	91%	93%	96%	89%	95%	95%	97%	95%	89%	88%	96%

续表 6-4

煤样编号	相态	La	Ce	Pr	Nd	Sm	Eu	Gd	Tb	Dy	Y	Ho	Er	Tm	Yb	Lu
G8-11	1	0.00	0.00	0.00	0.00	0.00	0.00	0.00	0.00	0.00	0.00	0.00	0.00	0.00	0.00	0.00
	2	0.10	0.18	0.02	0.10	0.02	0.00	0.02	0.00	0.01	0.06	0.00	0.01	0.00	0.01	0.00
	3	1.69	6.97	1.24	5.77	1.36	0.19	0.96	0.12	0.40	1.25	0.06	0.12	0.01	0.08	0.01
	4	1.53	6.35	1.08	4.85	1.08	0.14	0.78	0.09	0.31	0.85	0.04	0.10	0.01	0.05	0.01
	5	29.39	53.27	4.70	12.94	2.02	0.37	2.25	0.39	2.50	17.76	0.60	1.67	0.28	1.83	0.27
	6	4.55	8.09	0.87	3.24	0.92	0.15	1.02	0.24	1.39	7.97	0.29	0.71	0.11	0.66	0.09
	回收率	96%	96%	97%	99%	97%	92%	96%	96%	100%	116%	102%	104%	98%	101%	98%
X-1	1	0.04	0.05	0.01	0.04	0.01	0.00	0.01	0.00	0.01	0.06	0.00	0.00	0.00	0.00	0.00
	2	0.10	0.15	0.03	0.12	0.03	0.01	0.04	0.01	0.04	0.28	0.01	0.03	0.00	0.02	0.00
	3	1.20	1.55	0.33	1.41	0.36	0.11	0.43	0.07	0.39	2.29	0.08	0.20	0.03	0.18	0.03
	4	0.87	1.05	0.23	1.01	0.24	0.06	0.24	0.04	0.23	1.45	0.05	0.13	0.02	0.12	0.02
	5	3.74	6.16	0.63	2.15	0.35	0.07	0.21	0.03	0.19	1.25	0.04	0.14	0.02	0.16	0.02
	6	4.94	8.03	0.90	3.14	0.69	0.12	0.70	0.13	0.72	4.48	0.17	0.44	0.07	0.48	0.07
	回收率	100%	96%	103%	105%	109%	113%	111%	108%	109%	110%	112%	105%	109%	110%	106%
X-2	1	0.00	0.00	0.00	0.00	0.00	0.00	0.00	0.00	0.00	0.00	0.00	0.00	0.00	0.00	0.00
	2	0.06	0.17	0.03	0.12	0.05	0.01	0.06	0.01	0.07	0.35	0.01	0.03	0.00	0.03	0.00
	3	0.08	0.31	0.05	0.27	0.10	0.03	0.13	0.02	0.11	0.47	0.02	0.05	0.01	0.04	0.00
	4	0.06	0.22	0.03	0.13	0.03	0.01	0.04	0.01	0.04	0.18	0.01	0.03	0.00	0.02	0.00
	5	4.57	10.61	1.14	3.77	0.64	0.11	0.46	0.08	0.50	3.29	0.12	0.34	0.06	0.36	0.06
	6	2.60	5.94	0.68	2.47	0.50	0.09	0.51	0.11	0.63	4.20	0.15	0.39	0.06	0.40	0.06
	回收率	93%	91%	94%	96%	92%	98%	99%	102%	97%	94%	100%	92%	94%	93%	91%
X-5	1	0.00	0.00	0.00	0.00	0.00	0.00	0.00	0.00	0.00	0.00	0.00	0.00	0.00	0.00	0.00
	2	0.15	0.45	0.08	0.42	0.16	0.03	0.15	0.03	0.13	0.79	0.03	0.06	0.01	0.06	0.01
	3	0.50	1.62	0.26	1.29	0.35	0.05	0.26	0.04	0.14	0.67	0.02	0.06	0.01	0.05	0.01
	4	0.47	1.18	0.16	0.69	0.14	0.02	0.10	0.01	0.05	0.25	0.01	0.02	0.00	0.02	0.00
	5	4.31	8.88	0.99	3.53	0.56	0.10	0.41	0.07	0.38	2.61	0.09	0.26	0.04	0.26	0.04
	6	4.47	9.07	1.03	4.00	1.06	0.21	1.33	0.28	1.85	15.81	0.50	1.52	0.26	1.70	0.29
	回收率	83%	85%	88%	90%	92%	91%	89%	88%	82%	80%	82%	81%	80%	79%	79%
D-2	1	0.00	0.00	0.00	0.00	0.00	0.00	0.00	0.00	0.00	0.00	0.00	0.00	0.00	0.00	0.00
	2	0.07	0.12	0.01	0.06	0.03	0.00	0.04	0.01	0.05	0.29	0.01	0.04	0.00	0.02	0.00
	3	0.07	0.26	0.06	0.52	0.45	0.15	0.71	0.12	0.60	2.36	0.10	0.19	0.02	0.11	0.01
	4	0.02	0.05	0.01	0.06	0.05	0.01	0.07	0.01	0.07	0.31	0.02	0.04	0.01	0.03	0.00
	5	13.39	18.07	2.03	6.52	0.84	0.14	0.57	0.10	0.52	3.35	0.12	0.36	0.06	0.39	0.06
	6	8.59	12.12	1.14	3.69	0.69	0.14	0.81	0.15	0.86	5.30	0.19	0.50	0.08	0.51	0.07
	回收率	86%	81%	88%	91%	101%	112%	115%	112%	111%	101%	105%	103%	100%	94%	94%

续表 6-4

煤样编号	相态	La	Ce	Pr	Nd	Sm	Eu	Gd	Tb	Dy	Y	Ho	Er	Tm	Yb	Lu
D-3	1	0.00	0.00	0.00	0.00	0.00	0.00	0.00	0.00	0.00	0.00	0.00	0.00	0.00	0.00	0.00
	2	0.10	0.24	0.04	0.21	0.13	0.03	0.17	0.03	0.16	0.86	0.03	0.06	0.01	0.05	0.01
	3	1.38	2.63	0.30	1.13	0.34	0.06	0.31	0.05	0.25	1.11	0.04	0.09	0.01	0.07	0.01
	4	0.15	0.28	0.03	0.11	0.03	0.00	0.02	0.00	0.02	0.08	0.00	0.01	0.00	0.01	0.00
	5	5.36	8.78	0.90	3.00	0.53	0.08	0.25	0.03	0.14	0.78	0.03	0.07	0.01	0.06	0.01
	6	3.62	5.92	0.59	1.93	0.35	0.06	0.35	0.07	0.48	3.21	0.11	0.30	0.05	0.31	0.04
	回收率	92%	95%	95%	101%	113%	117%	116%	117%	114%	112%	113%	109%	102%	106%	107%
D-4	1	0.01	0.03	0.00	0.00	0.00	0.00	0.00	0.00	0.00	0.01	0.00	0.00	0.00	0.00	0.00
	2	0.07	0.18	0.03	0.14	0.05	0.01	0.05	0.01	0.05	0.29	0.01	0.02	0.00	0.02	0.00
	3	3.25	6.95	0.81	3.00	0.58	0.07	0.38	0.05	0.19	0.73	0.03	0.08	0.01	0.05	0.01
	4	0.88	1.82	0.21	0.75	0.14	0.02	0.09	0.01	0.04	0.18	0.01	0.02	0.00	0.01	0.00
	5	6.95	13.01	1.33	3.86	0.47	0.07	0.34	0.06	0.26	1.59	0.06	0.16	0.03	0.17	0.03
	6	3.63	6.66	0.76	2.95	0.77	0.11	0.90	0.18	1.17	8.18	0.27	0.77	0.13	0.88	0.13
	回收率	107%	110%	114%	113%	119%	116%	114%	104%	102%	99%	98%	95%	93%	98%	93%
M-1	1	0.00	0.00	0.00	0.00	0.00	0.00	0.00	0.00	0.00	0.00	0.00	0.00	0.00	0.00	0.00
	2	0.02	0.12	0.03	0.20	0.10	0.02	0.10	0.02	0.11	0.72	0.02	0.06	0.01	0.05	0.01
	3	0.26	0.96	0.16	0.82	0.28	0.07	0.28	0.05	0.25	1.55	0.05	0.12	0.02	0.10	0.01
	4	0.03	0.10	0.02	0.07	0.02	0.00	0.02	0.00	0.02	0.12	0.00	0.01	0.00	0.01	0.00
	5	0.93	2.15	0.24	0.80	0.13	0.03	0.09	0.02	0.10	0.60	0.02	0.07	0.01	0.07	0.01
	6	0.86	2.35	0.31	1.33	0.32	0.06	0.32	0.06	0.38	2.52	0.08	0.24	0.04	0.26	0.04
	回收率	102%	114%	106%	109%	115%	115%	119%	115%	119%	119%	113%	109%	115%	108%	103%
M-2	1	0.00	0.00	0.00	0.00	0.00	0.00	0.00	0.00	0.00	0.00	0.00	0.00	0.00	0.00	0.00
	2	0.01	0.08	0.02	0.08	0.03	0.01	0.03	0.01	0.03	0.16	0.00	0.01	0.00	0.01	0.00
	3	0.03	0.23	0.04	0.21	0.09	0.03	0.12	0.02	0.14	0.39	0.01	0.03	0.00	0.02	0.00
	4	0.02	0.10	0.02	0.08	0.03	0.01	0.03	0.01	0.03	0.13	0.01	0.01	0.00	0.01	0.00
	5	1.15	3.01	0.38	1.46	0.28	0.06	0.20	0.04	0.21	1.32	0.05	0.14	0.02	0.15	0.02
	6	1.00	4.15	0.65	2.87	0.69	0.13	0.63	0.12	0.67	4.29	0.15	0.40	0.06	0.40	0.05
	回收率	100%	104%	100%	100%	101%	110%	101%	103%	101%	100%	100%	100%	93%	96%	94%

注：表中相态 1—6 分别为水溶态、离子交换态、碳酸盐/磷酸盐/单硫化物态、部分有机态/双硫化物态、硅铝酸盐态、其他有机态；回收率 $=(C_1+C_2+C_3+C_4+C_5+C_6)/C_{全煤}×100\%$，其中 $C_1\sim C_6$、$C_{全煤}$ 分别表示碳元素在相态 1—6、全煤中的含量；后同。

表 6-5 沁水盆地山西组 3 号煤中稀土元素逐级化学提取率

(单位：%)

煤样编号	相态	La	Ce	Pr	Nd	Sm	Eu	Gd	Tb	Dy	Y	Ho	Er	Tm	Yb	Lu
P1-1	1	0.10	0.10	0.10	0.10	0.10	0.00	0.20	0.10	0.20	0.10	0.10	0.10	0.00	0.10	0.20
	2	0.30	0.30	0.30	0.40	0.40	0.40	0.40	0.50	0.40	0.40	0.40	0.40	0.40	0.40	0.40
	3	3.02	5.28	7.12	9.30	17.15	20.14	19.19	26.83	24.65	23.30	22.86	19.76	19.16	17.46	16.53
	4	1.70	3.10	4.20	5.40	8.70	9.30	8.10	10.50	9.50	8.50	8.90	8.20	7.00	6.80	6.20
	5	89.70	85.70	81.50	76.40	61.10	57.40	59.20	43.70	44.70	44.70	45.10	48.90	51.60	53.50	52.80
	6	5.10	5.60	6.70	8.40	12.50	12.70	12.90	18.40	20.50	22.90	22.70	22.70	21.80	21.70	23.80
S5-4	1	0.00	0.00	0.00	0.00	0.00	0.00	0.00	0.00	0.00	0.00	0.00	0.00	0.00	0.00	0.00
	2	0.70	0.70	0.70	0.70	0.80	0.90	1.10	1.10	1.00	0.80	0.70	0.70	0.70	0.70	0.70
	3	13.48	15.23	16.46	17.68	20.70	24.47	22.84	22.15	18.49	15.45	15.04	13.54	11.42	10.72	10.06
	4	10.30	11.70	12.20	12.20	12.00	12.00	11.10	8.60	7.20	4.90	5.70	5.40	4.60	4.00	4.00
	5	28.50	30.20	31.50	31.70	28.70	23.40	23.10	18.60	18.90	16.60	18.80	19.80	19.00	19.00	19.00
	6	47.00	42.20	39.20	37.60	37.90	39.20	41.90	49.60	54.50	62.30	59.80	60.60	64.30	65.60	66.20
S5-8	1	0.00	0.00	0.00	0.00	0.00	0.00	0.00	0.00	0.00	0.00	0.00	0.00	0.00	0.00	0.00
	2	0.40	0.40	0.40	0.40	0.50	0.20	0.80	0.10	0.40	0.50	0.50	0.30	0.50	0.40	0.60
	3	1.56	2.83	4.90	6.71	10.85	14.40	14.25	17.25	14.74	12.50	13.21	10.81	9.19	8.93	9.03
	4	0.40	0.70	1.00	1.20	1.50	2.10	1.80	2.30	2.00	1.70	2.00	1.90	1.90	1.80	1.80
	5	45.40	41.10	36.10	29.90	18.00	15.90	17.60	13.80	13.90	15.50	14.90	16.30	17.10	18.60	20.40
	6	52.30	55.10	57.70	61.80	69.20	67.40	65.60	66.50	68.90	69.90	69.30	70.80	71.20	70.20	68.20

续表 6-5

煤样编号	相态	La	Ce	Pr	Nd	Sm	Eu	Gd	Tb	Dy	Y	Ho	Er	Tm	Yb	Lu
S5-10	1	0.00	0.00	0.00	0.00	0.00	0.00	0.00	0.00	0.00	0.00	0.00	0.00	0.00	0.00	0.00
	2	0.80	0.80	0.90	1.00	1.00	1.00	1.10	0.30	0.70	0.70	0.70	0.90	0.90	0.80	1.00
	3	3.98	7.96	10.35	12.42	16.46	17.71	17.85	15.07	14.50	12.47	12.56	11.55	10.08	9.37	8.80
	4	0.80	1.40	1.70	1.90	2.20	2.60	2.30	2.90	2.90	2.50	2.80	2.90	3.10	3.00	2.70
	5	48.40	38.90	34.90	31.70	22.30	20.30	18.90	15.50	17.90	19.40	19.30	20.50	20.80	22.30	25.40
	6	46.20	50.90	52.20	53.00	58.10	58.30	60.00	66.20	64.00	64.90	64.60	64.20	65.20	64.50	62.10
S5-12	1	0.00	0.00	0.00	0.00	0.00	0.00	0.00	0.00	0.00	0.00	0.00	0.00	0.00	0.00	0.00
	2	0.60	0.70	0.50	0.60	0.80	0.60	1.20	1.20	1.00	1.00	1.00	0.70	0.80	0.70	0.70
	3	8.24	9.51	11.30	13.49	21.85	30.64	28.72	32.07	28.14	24.91	24.59	22.51	19.72	19.44	18.67
	4	2.50	2.90	3.20	3.30	3.50	3.10	3.10	3.00	3.00	2.50	2.90	3.00	2.90	2.50	2.90
	5	72.40	71.80	69.80	65.90	52.50	42.20	39.70	26.60	24.20	23.00	23.20	25.10	23.50	24.60	25.00
	6	16.40	15.00	15.20	16.70	21.30	23.40	27.30	37.10	43.60	48.60	48.30	48.70	53.20	52.80	52.70
Y6-3	1	0.00	0.00	0.00	0.00	0.00	0.00	0.00	0.00	0.00	0.00	0.00	0.00	0.00	0.00	0.00
	2	0.60	0.60	0.60	0.60	0.60	0.50	1.80	0.50	0.60	0.50	0.60	0.50	0.50	0.50	0.50
	3	7.74	8.80	9.63	10.74	13.07	16.49	13.30	10.49	8.56	6.13	7.20	6.30	5.48	5.36	5.13
	4	5.10	5.90	6.30	6.80	7.50	7.80	5.80	4.20	3.20	2.00	2.50	2.30	1.90	1.80	1.70
	5	61.30	61.50	60.80	59.10	56.60	53.80	56.80	52.00	48.30	44.30	45.40	44.10	40.80	39.00	38.60
	6	25.20	23.30	22.70	22.80	22.10	21.40	23.50	32.70	39.30	47.10	44.30	46.80	51.30	53.30	54.10
G8-1	1	0.00	0.00	0.00	0.00	0.00	0.00	0.00	0.00	0.00	0.00	0.00	0.00	0.00	0.00	0.00
	2	1.30	1.30	1.30	1.30	1.20	1.30	1.80	1.40	1.30	1.30	1.10	1.20	1.40	1.20	1.30
	3	12.17	10.69	14.63	16.51	19.06	23.03	21.34	20.82	20.51	21.52	19.41	18.46	16.68	16.08	14.54
	4	0.80	1.40	1.70	1.70	2.40	2.70	2.30	2.40	2.60	2.40	2.70	2.50	1.90	2.40	2.30
	5	34.80	30.20	26.20	23.10	18.00	18.40	16.50	14.80	15.50	16.00	16.70	18.00	19.90	21.50	22.80
	6	51.00	56.50	56.20	57.40	59.40	54.70	58.10	60.60	60.10	58.80	60.20	59.90	60.10	58.90	59.00

续表 6-5

煤样编号	相态	La	Ce	Pr	Nd	Sm	Eu	Gd	Tb	Dy	Y	Ho	Er	Tm	Yb	Lu
G8-3	1	0.00	0.00	0.00	0.00	0.00	0.00	0.00	0.00	0.00	0.00	0.00	0.00	0.00	0.00	0.00
	2	1.00	0.90	1.00	1.00	1.20	1.70	1.60	1.40	1.30	1.30	1.20	1.10	1.00	0.90	0.80
	3	16.95	19.63	22.81	26.18	34.58	43.74	38.77	43.34	38.69	39.29	36.35	35.21	35.54	33.61	30.69
	4	1.60	2.30	2.40	2.60	3.00	3.90	2.60	2.70	2.50	2.50	2.70	2.50	2.60	2.40	2.20
	5	43.40	42.60	40.10	37.30	25.60	20.40	16.60	11.90	12.10	12.20	13.30	14.20	15.00	15.50	16.30
	6	37.20	34.60	33.80	33.00	35.60	30.30	40.50	40.60	45.50	44.80	46.50	47.00	45.90	47.60	50.00
G8-5	1	0.00	0.00	0.00	0.00	0.00	0.00	0.00	0.00	0.00	0.00	0.00	0.00	0.00	0.00	0.00
	2	1.30	1.30	1.30	1.30	1.20	1.00	1.90	1.30	1.50	1.60	1.50	1.50	1.60	1.40	0.90
	3	12.68	13.85	15.71	17.23	24.23	29.85	29.24	35.07	30.66	32.37	28.59	27.87	26.24	24.41	22.53
	4	5.20	6.60	6.50	6.50	6.50	6.90	7.10	7.00	5.80	5.20	5.60	5.40	4.80	4.90	4.30
	5	46.70	47.50	45.40	42.70	31.50	25.80	23.80	15.80	14.70	14.50	16.00	17.70	19.80	21.20	22.70
	6	34.20	30.80	31.10	32.30	36.60	36.50	38.00	40.90	47.30	46.30	48.30	47.50	47.60	48.20	49.60
G8-11	1	0.00	0.00	0.00	0.00	0.00	0.00	0.00	0.00	0.00	0.00	0.00	0.00	0.00	0.00	0.00
	2	0.30	0.20	0.30	0.40	0.40	0.40	0.40	0.40	0.30	0.20	0.30	0.20	0.20	0.20	0.20
	3	4.55	9.31	15.71	21.45	25.13	22.15	19.09	13.95	8.59	4.49	5.67	4.66	3.27	3.20	2.96
	4	4.10	8.50	13.60	18.00	20.10	16.10	15.50	10.60	6.70	3.10	4.30	3.70	2.10	2.00	1.70
	5	78.90	71.20	59.40	48.10	37.40	43.80	44.70	46.70	54.20	63.70	60.20	64.10	67.80	69.50	70.80
	6	12.20	10.80	11.00	12.10	17.00	17.70	20.30	28.40	30.20	28.60	29.50	27.30	26.60	25.20	24.30
X-1	1	0.35	0.28	0.42	0.52	0.52	0.52	0.57	0.52	0.52	0.62	0.50	0.48	0.35	0.51	0.48
	2	0.94	0.89	1.20	1.48	1.76	2.58	2.36	2.72	2.76	2.87	2.58	2.69	2.46	2.34	2.42
	3	11.00	9.10	15.30	17.90	21.50	28.70	26.30	26.10	24.70	23.40	22.20	21.10	20.30	18.60	19.90
	4	7.97	6.17	11.08	12.79	14.39	16.71	14.76	14.16	14.37	14.81	14.37	13.97	13.65	12.83	13.28
	5	34.35	36.20	29.72	27.30	20.78	18.10	12.86	11.90	12.07	12.70	12.61	14.83	15.31	16.86	17.31
	6	45.37	47.29	42.25	39.97	41.10	33.40	43.12	44.55	45.60	45.64	47.76	46.96	47.93	48.90	46.60

续表 6-5

煤样编号	相态	La	Ce	Pr	Nd	Sm	Eu	Gd	Tb	Dy	Y	Ho	Er	Tm	Yb	Lu
X-2	1	0.00	0.00	0.00	0.00	0.00	0.00	0.02	0.00	0.01	0.01	0.00	0.00	0.00	0.00	0.00
	2	0.76	1.00	1.38	1.82	3.86	4.99	5.23	5.84	5.35	4.07	4.37	3.86	3.00	3.02	2.77
	3	1.00	1.80	2.70	3.90	7.50	10.70	10.70	10.00	8.20	5.60	6.90	5.50	4.90	4.30	3.80
	4	0.86	1.25	1.70	1.98	2.55	3.04	3.09	3.28	3.20	2.13	3.35	3.47	3.59	2.94	2.70
	5	62	61.51	59.06	55.76	48.26	44.59	38.65	35.90	36.91	38.73	37.95	40.40	42.34	43.05	45.70
	6	35.31	34.50	35.19	36.51	37.85	36.72	42.31	44.92	46.37	49.50	47.47	46.80	46.20	46.73	45.01
X-5	1	0.00	0.00	0.00	0.00	0.00	0.03	0.01	0.03	0.01	0.01	0.02	0.01	0.00	0.00	0.00
	2	1.52	2.10	3.03	4.24	7.07	7.31	6.84	6.43	5.29	3.91	4.06	3.33	2.74	2.69	2.48
	3	5.00	7.60	10.40	13.00	15.40	12.20	11.50	8.40	5.40	3.30	3.80	3.00	2.60	2.40	2.20
	4	4.77	5.56	6.41	6.92	6.28	5.30	4.24	3.03	1.92	1.22	1.51	1.29	1.16	1.11	1.00
	5	43.50	41.88	39.35	35.52	24.56	23.95	18.39	16.34	14.94	12.96	13.78	13.57	13.20	12.65	12.30
	6	45.15	42.81	40.82	40.30	46.67	51.19	59.04	65.78	72.48	78.57	76.85	78.80	80.25	81.13	82.04
D-2	1	0.00	0.00	0.00	0.00	0.00	0.00	0.01	0.00	0.00	0.00	0.00	0.00	0.00	0.00	0.00
	2	0.32	0.40	0.46	0.54	1.34	2.13	1.70	2.04	2.32	2.50	2.36	2.15	2.35	2.10	2.09
	3	0.30	0.80	1.80	4.80	21.90	32.50	32.20	31.30	28.50	20.40	22.80	17.10	12.60	10.00	8.20
	4	0.10	0.18	0.30	0.58	2.38	3.12	3.06	3.19	3.44	2.63	3.61	3.36	2.93	2.88	2.50
	5	60.48	59.00	62.40	60.10	40.70	31.74	26.01	24.86	24.70	28.84	27.99	32.41	34.56	36.69	38.95
	6	38.77	39.58	35.05	34.02	33.68	30.50	36.98	38.60	41.02	45.66	43.23	45.00	47.58	48.30	48.21
D-3	1	0.00	0.00	0.00	0.00	0.00	0.00	0.00	0.00	0.00	0.00	0.00	0.00	0.00	0.00	0.00
	2	0.98	1.35	2.02	3.29	9.14	12.88	15.70	16.48	15.17	14.28	13.44	11.88	11.36	10.45	10.57
	3	13.00	14.70	16.00	17.60	24.70	26.70	28.10	27.00	23.70	18.40	19.70	17.50	15.30	14.00	14.40
	4	1.45	1.59	1.65	1.77	1.89	1.80	1.88	1.64	1.59	1.26	1.64	1.57	1.20	1.26	1.57
	5	50.50	49.17	48.54	47.06	38.79	32.27	22.27	17.69	13.68	12.89	13.53	13.50	11.70	11.40	11.20
	6	34.08	33.16	31.77	30.26	25.50	26.38	32.00	37.20	45.86	53.22	51.65	55.52	60.40	62.90	62.26

续表 6-5

煤样编号	相态	La	Ce	Pr	Nd	Sm	Eu	Gd	Tb	Dy	Y	Ho	Er	Tm	Yb	Lu
D-4	1	0.10	0.10	0.04	0.04	0.13	0.13	0.05	0.04	0.09	0.06	0.07	0.06	0.00	0.05	0.08
	2	0.49	0.62	0.88	1.29	2.54	4.05	3.01	3.15	2.96	2.63	2.45	2.18	1.72	1.51	1.65
	3	21.90	24.20	25.90	28.00	28.70	25.70	21.60	17.50	11.20	6.60	8.50	7.20	5.20	4.70	4.60
	4	5.93	6.35	6.74	7.03	6.73	5.90	5.28	3.72	2.56	1.62	2.14	1.78	1.56	1.06	0.97
	5	47	45.41	42.34	36.02	23.58	24.34	19.33	18.13	15.18	14.50	15.71	15.54	15.50	14.69	15.16
	6	24.55	23.30	24.12	27.58	38.33	39.88	50.71	57.46	68.02	74.56	71.10	73.24	76.02	78	77.54
M-1	1	0.00	0.00	0.00	0.00	0.00	0.00	0.00	0.00	0.00	0.00	0.00	0.00	0.00	0.00	0.00
	2	0.94	2.15	3.91	6.22	11.33	13.43	12.02	12.68	12.85	13.07	12.77	11.24	10.36	10.55	10.45
	3	12.20	17.00	21.40	25.50	33.70	36.80	34.90	32.70	29.30	28.20	28.10	24.40	22.70	20.80	20.50
	4	1.42	1.69	2.05	2.26	2.33	2.39	2.25	2.29	2.21	2.09	2.42	2.34	2.12	2.05	2.42
	5	44.50	37.87	31.75	24.83	14.93	14.34	11.43	11.14	11.21	10.90	11.56	13.44	13.90	14.73	16.03
	6	40.96	41.33	40.89	41.16	37.75	33	39.35	41.24	44.40	45.75	45.11	48.55	50.88	51.90	50.57
M-2	1	0.00	0.00	0.00	0.00	0.00	0.00	0.00	0.00	0.00	0.00	0.00	0.00	0.00	0.00	0.00
	2	0.60	1.03	1.42	1.61	2.86	4.74	3.19	3.18	2.54	2.50	2.24	1.99	1.60	1.64	1.77
	3	1.50	3.00	3.90	4.50	8.10	11.60	11.40	10.50	8.90	6.20	6.80	5.20	4.90	3.90	3.50
	4	0.85	1.29	1.48	1.62	2.42	3.26	2.96	2.82	2.63	2.01	2.43	2.05	1.91	1.56	1.61
	5	51.90	39.80	34.47	31.13	24.80	26.13	19.87	19.80	20.19	21.05	22.16	23.79	26.42	25.73	27.87
	6	45.10	54.88	58.70	61.16	61.86	54.28	62.56	63.74	65.70	68.20	66.38	67.01	65.18	67.18	65.21

注：表中相态1—6分别为：1. 水溶态；2. 离子交换态；3. 碳酸盐/磷酸盐；4. 部分有机态/单硫化物/双硫化物态；5. 硅铝酸盐态；6. 其他有机态。

图 6-1 沁水盆地山西组 3 号煤中 REY 逐级化学提取结果

超纯水提取、NH₄Ac 提取、HCl 提取、HNO₃ 提取、HF 提取、残留物（HClO₄消解）分别对应的相态为水溶态、
离子交换态、碳酸盐/磷酸盐/单硫化物态、部分有机态/双硫化物态、硅铝酸盐态、其他有机态

概括而言，在逐级化学提取过程中，不同煤样中稀土元素所呈现出的行为规律（赋存状态）具有一致性。具体表现为：煤中 REY 主要赋存状态为第五态（硅铝酸盐态）、第六态（其他有机态）中，其次为第三态（碳酸盐/磷酸盐/单硫化物态），以水溶态、离子交换态和有机态/双硫化物态 3 种赋存状态存在的

REY总比例相对较低,对煤中REY的总体分布格局影响较小。此外,整体上从La到Lu,以硅酸盐态存在的稀土元素比例多呈下降趋势;以其他有机态存在的稀土元素比例则从La到Lu呈现出上升趋势。可能说明硅酸盐对稀土元素的亲和性从La到Lu逐渐降低,而有机质对稀土元素的亲和性从La到Lu则逐渐升高。

3. 浮沉实验

为了进一步确定煤中稀土元素的赋存状态,本研究进行了浮沉实验。将全煤用不同密度的比重液分为A、B、C、D四个不同密度级别的组分。详细过程(表6-6)为:称取粒度小于120目的煤样1g置于分液漏斗中,分液漏斗中预先倒入三溴甲烷与酒精配比的比重液,利用不同矿物之间的密度差异分离煤中不同组分。先用三溴甲烷(密度2.89g/cm³)分离出密度大于2.89g/cm³的组分A,组分A可能主要包含重矿物,例如方铅矿(密度7.4~7.6g/cm³)、黄铁矿(密度4.9~5.2g/cm³)、锆石(密度4.4~4.8g/cm³)、磷灰石(密度3.18~3.2g/cm³)、重晶石(密度4.3~4.7g/cm³)、菱铁矿(密度3.7~3.9g/cm³)、黄铜矿(密度4.1~4.3g/cm³)等。残留物进一步用密度为2.55g/cm³的比重液进行分离,分离出密度范围为2.55~2.89g/cm³的组分B,组分B可能主要包含除高岭石外的较轻矿物,如石英(密度2.65g/cm³)、白云石(密度2.8~2.9g/cm³)、长石(密度2.55~2.75g/cm³)、方解石(密度2.72g/cm³)、伊利石(密度2.6~2.9g/cm³)等矿物。残留物进一步用密度为2.0g/cm³的比重液将高岭石等相对较轻矿物(组分C)和有机组分(组分D)分离。分离出不同密度组分后称量记录并测试元素含量(表6-7)。

需要指出的是,本浮沉实验在实际操作过程中,所分离出来的A、B、C、D四个组分可能并没有严格按照比重液密度2.89g/cm³、2.55g/cm³、2.0g/cm³的界线完全区分开,但A、B、C、D四个不同密度级别的组分,至少代表了一种从富含重矿物的高密度组分→富含石英等矿物的组分→富含高岭石等矿物的组分→富含有机质的低密度组分的变化趋势,因此,元素在煤中这四个组分中分布特征及差异,在一定程度上反映了元素在煤中不同组分中的赋存状况。

表6-6 浮沉实验步骤

编号	步骤	分离溶液	矿物
1	称取1g左右的样品放入分液漏斗中,搅拌并静置,重复5次以上,直至搅拌不会再有煤样下沉	三溴甲烷 (2.89g/cm³)	沉:组分A
			上浮物转入步骤2进一步进行实验
2	将步骤1中浮在液面上的样品转入配比溶液中,并按上述步骤搅拌以及静置	三溴甲烷和酒精配比的比重液 (2.55g/cm³)	沉:组分B
			上浮物转入步骤3进一步进行实验
3	将步骤2中浮在液面上的样品转入配比溶液中,并按上述步骤搅拌、静置	三溴甲烷和酒精配比的比重液 (2.0g/cm³)	沉:组分C
			浮:组分D

根据浮沉实验结果,对比全煤与分离出来的A、B、C、D四个不同密度级别组分中的ΣREY、ΣLREY、ΣMREY和ΣHREY含量,可以总结出REY在4个组分的分布特征(图6-2)。整体来看,轻、中、重稀土元素在不同组分中的富集倾向性存在差异。

(1)组分A容易富集HREY,例如样品P1-1、Y6-3、X2-1中组分A的HREY含量均高于其他组分(组分B、C、D)的HREY含量。样品G8-5中组分A的HREY含量高于组分C和D的,样品G8-9中组分A的HREY含量高于组分B和C的。造成这种现象的原因可能是组分A相对富集密度较大的重矿物,而重矿物倾向于富集HREY,导致组分A通常呈现出HREY富集的特征。

表 6-7 沁水盆地山西组 3 号煤中 Li 与 REY 浮沉实验结果

(单位：μg/g)

样品编号	Li	La	Ce	Pr	Nd	Sm	Eu	Gd	Tb	Dy	Y	Ho	Er	Tm	Yb	Lu	ΣREY	ΣLREY	ΣMREY	ΣHREY
P1-1	61.2	14.4	25.4	2.71	9.01	1.58	0.284	1.58	0.198	1.13	6.35	0.230	0.623	0.105	0.624	0.092	64.28	53.07	9.54	1.67
P1-1-A	20.2	22.6	53.3	6.18	22.7	5.13	0.519	5.75	0.922	4.21	21.3	0.828	2.21	0.384	2.79	0.476	149.30	109.85	32.76	6.69
P1-1-B	27.9	12.9	30.3	3.37	11.4	1.99	0.330	1.93	0.346	1.71	9.21	0.364	1.06	0.197	1.38	0.244	76.68	59.91	13.54	3.24
P1-1-C	150.0	11.9	32.1	3.30	10.7	1.51	0.210	0.845	0.144	0.603	2.75	0.114	0.330	0.047	0.299	0.045	64.78	59.40	4.55	0.84
P1-1-D	100.0	21.6	37.2	3.72	12.6	2.25	0.362	1.78	0.322	1.62	9.24	0.350	0.945	0.142	0.881	0.126	93.12	77.35	13.33	2.44
X2-1	79.0	18.1	31.6	3.18	10.2	2.07	0.429	2.24	0.309	1.55	8.90	0.320	0.804	0.120	0.691	0.096	80.64	65.18	13.43	2.03
X2-1-A	75.4	2.12	5.87	1.24	8.90	6.52	1.75	8.39	1.47	7.75	31.9	1.38	2.77	0.343	1.83	0.249	82.46	24.65	51.23	6.57
X2-1-B	67.9	5.57	11.6	1.79	8.95	4.71	1.47	6.24	1.14	6.69	36.2	1.33	3.03	0.443	2.48	0.352	91.93	32.58	51.71	7.64
X2-1-C	134.0	19.0	34.9	4.48	18.3	4.77	1.13	4.71	0.817	4.22	27.6	0.836	2.01	0.279	1.61	0.225	124.97	81.52	38.49	4.95
X2-1-D	51.2	15.8	25.7	2.43	7.95	1.29	0.212	1.08	0.181	0.924	6.11	0.190	0.533	0.076	0.474	0.067	63.00	53.16	8.50	1.34
Y6-3	110.0	24.1	40.8	4.29	15.2	2.94	0.532	3.01	0.437	2.42	16.1	0.498	1.39	0.218	1.28	0.184	113.52	87.42	22.53	3.57
Y6-3-A	186.0	146	331	38.6	166	316	165	859	120	513	2560	84.1	169	22.7	126	16.9	5 632.97	997.38	4 217.42	418.16
Y6-3-B	20.1	15.0	32.2	3.65	13.5	6.01	3.50	12.9	1.83	7.46	38.3	1.34	3.06	0.467	2.95	0.452	142.62	70.36	63.99	8.26
Y6-3-C	162.0	62.5	137	15.7	57.0	10.1	1.27	5.63	0.762	2.79	13.8	0.534	1.51	0.181	1.12	0.167	310.37	282.61	24.25	3.51
Y6-3-D	12.9	9.80	21.8	2.54	9.33	1.97	0.305	1.76	0.306	1.80	12.4	0.409	1.16	0.189	1.26	0.201	65.22	45.43	16.58	3.21
G8-5	70.5	2.18	7.04	0.973	3.79	0.947	0.202	0.844	0.163	0.908	5.95	0.205	0.558	0.094	0.595	0.084	24.53	14.93	8.07	1.54
G8-5-A	12.7	2.69	10.3	1.62	7.94	2.76	0.577	2.99	0.535	2.71	15.1	0.521	1.27	0.189	1.09	0.152	50.47	25.33	21.91	3.22
G8-5-B	9.63	5.75	16.4	2.32	9.21	2.77	0.629	3.28	0.665	3.95	26.0	0.856	2.34	0.371	2.24	0.324	77.11	36.43	34.56	6.13
G8-5-C	139.0	6.85	19.5	2.50	9.57	2.13	0.509	2.23	0.404	2.11	15.2	0.469	1.24	0.194	1.16	0.167	64.27	40.57	20.46	3.24
G8-5-D	43.0	2.97	9.05	1.17	4.61	0.970	0.178	0.853	0.147	0.827	5.79	0.191	0.526	0.082	0.538	0.078	27.98	18.77	7.79	1.42
G8-9	252.0	15.1	35.2	4.13	14.6	3.54	0.580	3.33	0.715	4.36	22.2	0.966	2.67	0.464	2.90	0.429	111.22	72.57	31.22	7.43
G8-9-A	63.3	7.59	22.9	3.41	17.3	7.66	1.43	7.24	1.25	5.62	22.4	0.943	2.14	0.297	1.92	0.301	102.42	58.86	37.95	5.60
G8-9-B	162.0	7.90	25.2	3.89	18.9	7.53	1.22	6.65	1.12	4.78	17.6	0.783	1.64	0.197	1.12	0.140	98.68	63.46	31.34	3.88
G8-9-C	310.0	11.9	32.4	4.11	16.4	4.52	0.745	3.71	0.661	3.22	14.3	0.613	1.55	0.236	1.48	0.197	96.15	69.39	22.68	4.07
G8-9-D	152.0	9.20	22.3	2.66	10.1	2.85	0.431	2.64	0.625	4.07	22.7	0.925	2.49	0.430	2.79	0.373	84.52	47.07	30.44	7.01

注：A 为密度＞2.89g/cm³ 的组分，B 为密度 2.55～2.89g/cm³ 的组分，C 为密度 2.0～2.55g/cm³ 的组分，D 为密度＜2.0g/cm³ 的组分；后同。

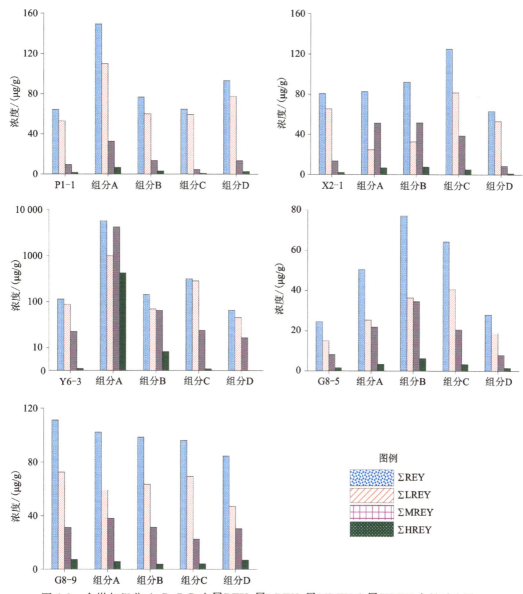

图 6-2 全煤与组分 A、B、C、D 中 ΣREY、ΣLREY、ΣMREY 和 ΣHREY 含量对比图

(2) 组分 C 倾向于富集 LREY。例如，样品 X2-1、G8-5、G8-9 中组分 C 的 LREY 含量均高于组分 A、B、D 的。样品 Y6-3 中组分 C 的 LREY 含量均高于组分 B、D 的。值得指出的是，虽然样品 X2-1 和 G8-9 中组分 A 的 HREY 含量均高于组分 C 的，但 X2-1 和 G8-9 中组分 C 的 LREY 含量均高于其他组分的，说明 LREY 和 HREY 在不同密度组分中的富集倾向性存在明显差异；样品 G8-5 中组分 A 与组分 C 的 HREY 含量相当，但组分 C 的 LREY 含量明显高于组分 A 的。造成这种现象的原因可能是组分 C 相对富集黏土矿物等轻矿物，这些轻矿物相对于重矿物，更容易富集 LREY。

(3) 组分 D 中的稀土元素含量往往较低。例如，样品 X2-1、Y6-3、G8-5 和 G8-9 中组分 D 的 ΣREY 含量均低于组分 A、B、C 的，但组分 D 中的稀土元素含量往往较为接近原煤。

为了更进一步揭示不同密度组分 A、B、C、D 中稀土元素的分布赋存差异性，对组分 A、B、C、D 和原煤中的稀土元素进行 UCC 标准化，分析其稀土元素配分模式特征（图 6-3）。

(1) 整体上，组分 A 和组分 C 的稀土元素配分模式差异较大。组分 A 中稀土元素在轻稀土元素 La—Nd 处含量较低，在中稀土元素 Eu—Dy 处达到最大值后略微下降，整体上从 La 到 Lu 呈递增趋势。这表明中、重稀土元素倾向于富集于组分 A 中。例如，样品 X2-1、Y6-3、G8-5 和 G8-9 中组分 A 的

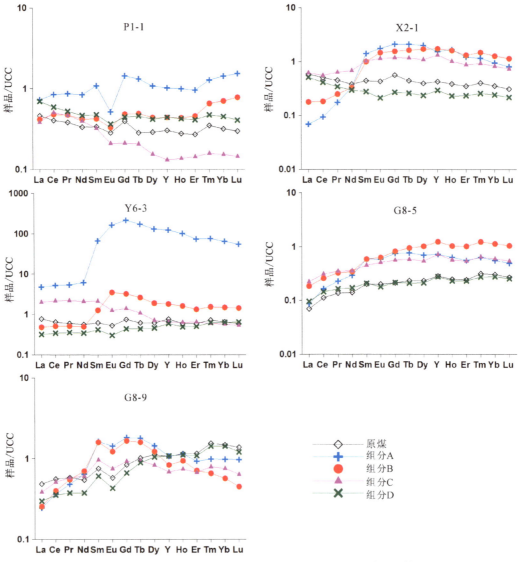

图6-3 原煤和浮沉实验不同密度组分A、B、C、D的稀土元素配分模式图

稀土元素配分模式都为明显的中、重稀土富集型,样品P1-1中组分A的稀土元素配分模式为HREY略富集型。相比于组分A,组分C相对更加富集LREY,贫HREY。例如,样品P1-1和Y6-3中组分C的稀土元素配分模式为明显的LREY富集型,样品X2-1、G8-5和G8-9中组分C的稀土元素配分模式虽为HREY(略)富集型,但HREY的富集程度明显低于组分A的。因此,可以看出,组分A更倾向于富集HREY,而组分C更倾向于富集LREY。与上述A、B、C、D四个不同密度组分中的ΣREY、ΣLREY、ΣMREY和ΣHREY含量对比所得出的结论吻合。

(2)组分B的稀土元素配分曲线多位于组分A曲线和组分C曲线之间的过渡区域。这种结果符合本浮沉实验的实际情况,组分B的密度分级介于组分A和组分C之间,在某种程度上可以认为组分B的实际成分是组分A和组分C间的过渡成分。

(3)组分D与原煤的稀土元素配分模式较为相似。可能说明富含有机质的残余组分D仍保留了煤中稀土元素的特征,即仍然保留了大多数煤中稀土元素的赋存载体。

结合相关性分析、逐级化学提取及浮沉实验的结果可以看出:

(1)沁水盆地山西组3号煤中稀土元素主要赋存于黏土矿物和有机质中,碳酸盐/磷酸盐/单硫化物也可能为部分稀土元素(主要为中稀土元素)的赋存载体,此外重矿物也可能赋存一定量的中、重稀土元素。

(2)相对而言,黏土矿物更倾向于富集轻稀土元素,有机质更倾向于富集重稀土元素,重矿物更倾向于富集中、重稀土元素。

4. 稀土元素的有机亲和性

逐级化学提取及浮沉实验结果均显示:相比于轻稀土元素,沁水盆地山西组3号煤中的重稀土元素具有更强的有机亲和性。实际上,基于长期的研究积累,研究者们已经注意到煤中的稀土元素普遍具有一定的有机亲和性,且不同REY与有机质的亲和能力不同。例如,通过不同显微组分与全煤中稀土元素含量的对比研究,Eskenazy(1987b)发现镜煤相对富集重稀土元素,认为该富集可能是由于沼泽流体中相对富集重稀土元素,和/或重稀土元素相对于轻稀土元素具有更强的有机亲和性。Lin等(2017)采用密度分离实验研究了阿巴拉契亚中部煤中稀土元素的有机/无机亲和性,实验表明有机质倾向于富集重稀土元素。Finkelman等(2018)采用逐级化学提取法定量研究了煤中稀土元素的赋存状态,其结果表明,煤中重稀土元素有机结合态的比例要高于轻稀土元素。Wang等(2008)发现低灰煤往往倾向于相对富集重稀土,这被认为是腐植酸对溶解状态的重稀土元素结合能力更强所致(黄文辉等,1999;Birk et al.,1991)。为了探讨腐植酸对于煤中稀土元素赋存状态的影响,梁虎珍等(2013a)对比了伊敏褐煤与腐植酸中的稀土元素特征,结果表明重稀土与腐植酸的结合更加稳定。Arbuzov等(2018)对西伯利亚泥炭中稀土元素赋存状态的研究进一步证实了泥炭中提取的腐植酸同样更加富集重稀土。

尽管有不少研究者们得出了与本研究相似的结论,即煤中的重稀土元素具有较强的有机亲和性,也有不少其他研究者们发现了与之不同的现象。例如,Seredin等(2012a)在将煤中稀土元素作为潜在的矿床资源的综述论文中指出,在许多富集稀土元素的低灰、低煤阶的煤中,稀土元素主要赋存于有机质中,且这些煤所提取出来的腐植酸更加富集中稀土。为了揭示不同REY呈现出不同有机亲和性的原因,研究者们开始着手探讨稀土元素-有机质结合点位的变化及其对稀土元素有机亲和性的制约。早期阶段,稀土元素与腐植酸结合行为的研究往往局限于单个稀土元素,例如Sm-Ha、Eu-Ha、Tb-Ha及Dy-Ha(Maes et al.,1988;Moulin et al.,1992;Dierckx et al.,1994;Franz et al.,1997),或者几个稀土元素(Takahashi et al.,1997)。Yamamoto等(2005)和Sonke等(2006)开始对完整的14个稀土元素与腐植酸相互作用进行研究。前者发现中稀土元素表现出较强的腐植酸结合能力,这与Pourret等(2007)实验认识一致。而后者则认为,稀土元素与腐植酸间的结合能力从La到Lu逐渐增强,遵循镧系收缩效应,Stern等(2007)的实验结果进一步肯定了该结论。Marsac等(2010)注意到Yamamoto等(2005)和Pourret等(2007)所进行的稀土元素-腐植酸的结合实验是在高的稀土元素/腐植酸含量比(REE/C的摩尔比为$1\times10^{-3}\sim1.5\times10^{-2}$,C表示有机酸中碳的总量)条件下进行的,而Sonke等(2006)和Stern等(2007)的实验中,稀土元素/腐植酸含量比较低(REE/C的摩尔比为1×10^{-4})。基于此,Marsac等(2010)通过实验及模型模拟的方法研究了不同稀土元素/腐植酸含量比条件下稀土元素-腐植酸的结合行为。研究结果表明,在低的稀土元素/腐植酸含量比条件下,稀土元素主要与含量少但亲和性强的点位结合,如酚基或氨羧基点位(Pourret et al.,2009),此时稀土元素与这些点位的结合能力从La到Lu逐渐增加,重稀土具有最高的结合能力;在高的稀土元素/腐植酸含量比条件下,稀土元素倾向于与亲和性低但含量多的点位结合,如羧基点位(Plaschke et al.,2004),而这些点位对于中稀土元素的结合能力最强。Yamamoto等(2010)进一步肯定了这一研究结果。

综上可见,沁水盆地山西组3号煤中重稀土较强的有机亲和性可能与泥炭化阶段腐植酸-重稀土间结合能力更强有关。在泥炭化作用阶段,泥炭沼泽中稀土元素/腐植酸含量比较低,稀土元素主要与含量少但亲和性强的点位结合,如酚基或氨羧基点位(Pourret et al.,2009),此时稀土元素与这些点位的结合能力从La到Lu逐渐增强(遵循镧系收缩效应[①]),重稀土的有机结合能力最强(Sonke et al.,2006;Stern et al.,2007)。

研究区煤中的稀土元素主要赋存于黏土矿物和有机质中,它们分别对LREY和HREY具有较强的亲和性。全煤的REY配分模式主要受控于其REY赋存状态。

二、Li

Li是一种银白色的软质碱金属元素,其原子序数为3,是自然界最轻的金属元素,其化学性质十分活泼,是常温下唯一能与氮气反应的碱金属元素。锂被广泛应用于玻璃陶瓷、医药、航空、通讯、有机合成及核聚变发电等领域,被誉为"工业味精"。随着常规锂矿产资源的枯竭及人类需求的增长,煤中的锂有望成为Li的理想替代来源。我国华北石炭纪—二叠纪煤层和华南二叠纪煤层均为潜在的锂矿产资源(宁树正等,2017)。

Li的电离势低,外层电子易失去而成1价阳离子。由于Li的离子半径较小,与Mg、Al、Fe等的离子半径相近,因此在铁镁硅酸盐或铝硅酸盐矿物中可以形成类质同象置换;地壳中Li除以类质同象形式出现外,还可以形成独立的锂矿物(刘英俊,1984)。目前,受Li性质及含量等因素限制,应用微区原位分析手段检测煤中Li含量尚不成熟(Finkelman et al.,2018),因此煤中Li的赋存状态研究通常依赖间接方法,如相关性分析和逐级化学提取等。例如,通过相关性分析Dai等(2008)认为哈尔乌素煤中Li主要赋存于铝硅酸盐矿物中;基于逐级化学提取实验结果,Finkelman等(2018)认为在大多数煤中,约90%的Li赋存于黏土和云母等矿物中,其余则赋存于有机质或酸不溶矿物(如电气石)中。

沁水盆地山西组3号煤中Li的浓度变化范围为9.8~274$\mu g/g$,平均值为80.1$\mu g/g$(表5-3),远高于中国煤(31.8$\mu g/g$;Dai et al.,2012a)和世界硬煤(14$\mu g/g$;Ketris et al.,2009)中Li含量均值。本研究将利用相关性分析,辅助逐级化学提取和浮沉实验等实验手段,揭示沁水盆地山西组3号煤中Li的赋存状态。

1. 相关性分析

本章利用SPSS软件对沁水盆地山西组煤中Li与灰分产率、常量元素、微量元素进行相关性分析,结果如表6-8所示。

煤中Li与灰分产率A_d的相关系数r为0.59,呈明显的正相关关系,表明Li主要以无机结合态赋存于煤中。Li与Al_2O_3和SiO_2的相关系数分别为0.81和0.69(图6-4),正相关性明显,表明煤中Li与铝硅酸盐矿物密切相关,可能主要赋存于铝硅酸盐矿物中。Li与TiO_2也呈一定程度的正相关,相关系数为0.35,可能是由于煤中的含Ti重矿物与铝硅酸盐矿物同为稳定矿物,常共(伴)生出现,从而导致赋存于铝硅酸盐矿物中的Li与TiO_2也具有一定的正相关关系。此外,Li与Na_2O、K_2O也呈一定程度的正相关性,其相关系数分别为0.38和0.40。

微量元素中,与Li正相关性明显的元素有Th($r=0.71$;图6-4)、U($r=0.54$)、Hf($r=0.54$)、Ta($r=0.45$)、Nb($r=0.44$),均为较稳定的高场强元素(表6-8)。可能是由于这些高场强元素在煤中主要赋存于较为稳定的重矿物中,而重矿物常与铝硅酸盐矿物共(伴)生出现,从而导致赋存于铝硅酸盐矿物中的Li与Th、U、Hf、Ta、Nb等高场强元素也呈现一定的正相关性。

[①] 镧系收缩效应是指镧系元素的原子半径和离子半径随原子序数增加而逐渐减小的现象。

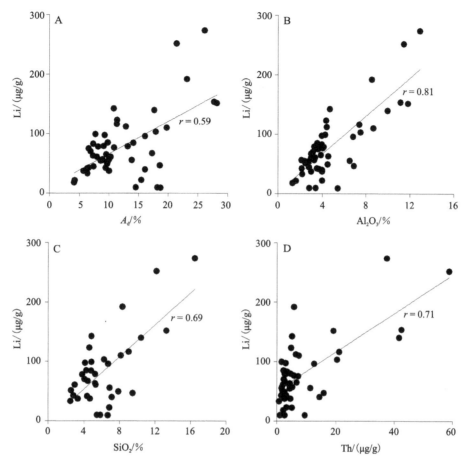

图 6-4 沁水盆地山西组 3 号煤中 Li 与 A_d、Al_2O_3、SiO_2 和 Th 的相关性散点图

表 6-8 沁水盆地山西组 3 号煤中 Li 与灰分产率（A_d）、常量元素及微量元素的相关系数

灰分产率/氧化物	与Li的相关系数	元素	与Li的相关系数	元素	与Li的相关系数	元素	与Li的相关系数
A_d	0.59**	Be	−0.15	Sr	0.04	W	0.27
SiO_2	0.69**	Sc	0.31*	Y	0.2	Pb	0.19
Al_2O_3	0.81**	V	−0.18	Zr	0.33*	La	0.21
TiO_2	0.35*	Cr	0.29*	Nb	0.44**	Dy	0.40**
Fe_2O_3	0.12	Co	−0.35*	Mo	−0.23	Yb	0.23
MgO	0.06	Ni	−0.35*	Cd	0.18	Th	0.71**
CaO	0.00	Cu	0.29*	Cs	0.17	U	0.54**
Na_2O	0.38**	Zn	0.16	Ba	−0.05		
K_2O	0.40*	Ga	0.35*	Hf	0.54**		
P_2O_5	−0.04	Rb	0.11	Ta	0.45**		

注：** 表示在 0.01 级别上相关性显著；* 表示在 0.05 级别上相关性显著。

2. 逐级化学提取

为进一步查明研究区 3 号煤中 Li 的赋存状态，对煤中 Li 进行逐级化学提取实验研究。选取了 15 块煤样，1 块夹矸样品、1 件顶板样品和 1 件底板样品，分析结果见表 6-9、表 6-10 和图 6-5。逐级化学提取实验结果显示：

(1) 煤中能被纯水淋滤提取出来的 Li（水溶态）很少，纯水对煤中 Li 的提取率均低于 1%。纯水对夹矸样品、顶板样品和底板样品中 Li 的提取率也很低，分别为 0.01%、1.35% 和 0.36%。

(2) NH_4Ac 对煤中 Li（可交换态）的提取率仍较低，其范围为 0.3%～1.21%。NH_4Ac 对夹矸样品、顶板样品和底板样品中 Li 的提取率也很低，分别为 0.18%、0.5% 和 0.37%。

(3) HCl 对煤中 Li（碳酸盐、磷酸盐和单硫化物态）的提取率范围为 0.12%～2.3%。HCl 对夹矸样品、顶板样品和底板样品中 Li 的提取率分别为 0.68%、2.49% 和 3.31%。

(4) HNO_3 对煤中 Li（部分有机态/双硫化物态）的提取率范围为 0.09%～1.28%。HNO_3 对夹矸样品、顶板样品和底板样品中 Li 的提取率分别为 0.33%、0.84% 和 0.81%。

(5) HF 对煤中 Li（硅酸盐态）的提取率高，提取率均高于 92%，其范围为 92.4%～99.4%。HF 对夹矸样品、顶板样品和底板样品中 Li 的提取率分别为 98.7%、91.1% 和 94.2%。

(6) 煤中被 $HClO_4$ 消解的残留物中（其他有机态）Li 的比例低于 3%，总体也较低。夹矸样品、顶板样品和底板的残留物中 Li 的比例分别为 0.15%、3.7% 和 0.95%。

总体来看，煤中绝大部分的 Li 都能被 HF 所提取，HF 对煤中 Li 的提取率均高于 92%。超纯水、NH_4Ac、HCl 和 HNO_3 对煤中 Li 的提取率均很低，分别为 0.03%～0.7%、0.3%～1.21%、0.12%～2.3%、0.09%～1.28%，残留物中含 Li 的比例为 0～2.9%（表 6-9、表 6-10）。因此，3 号煤中 Li 的主要赋存状态为硅酸盐态。通常，HF 所溶解的 Li 与煤中的硅酸盐矿物有关（Finkelman et al., 2018; Pan et al., 2019）。在研究的煤样中，煤中矿物主要为黏土矿物伊利石和高岭石，因此，本研究中，HF 所提取的 Li 主要与煤中黏土矿物密切相关。这与前述相关性分析的认识一致。

表 6-9　沁水盆地山西组 3 号煤中 Li 的逐级化学提取实验结果　　　　　　（单位：μg/g）

相态	P1-1	S5-8	S5-10	S5-12	Y6-3	G8-1	G8-3	G8-5	G8-7	G8-11	G8-R	G8-F	G8-10-P	X-1	X-2	D-2	M-1	M-2
1	0.34	0.280	0.162	0.126	0.04	0.089	0.073	0.08	0.104	0.105	0.57	0.40	0.02	0.24	0.19	0.15	0.05	0.04
2	0.23	0.516	0.844	0.215	0.16	0.986	0.545	0.71	0.498	0.458	0.21	0.41	0.40	0.63	0.46	0.80	0.14	0.19
3	0.06	0.812	0.873	0.504	0.13	0.248	0.214	0.13	0.413	0.661	1.05	3.68	1.52	1.32	0.37	1.50	0.40	0.31
4	0.05	0.452	0.548	0.333	0.05	0.125	0.123	0.14	0.182	0.290	0.35	0.90	0.73	0.81	0.15	0.35	0.12	0.12
5	51.31	139.699	113.667	41.467	18.32	87.121	92.047	77.99	150.646	304.544	38.37	104.70	219.96	58.52	73.05	62.16	47.38	49.48
6	0.08	2.864	0.058	0.054	0.00	1.005	0.113	0.00	1.168	0.397	1.56	1.05	0.33	1.84	1.41	1.28	0.49	1.06
回收率	85%	102%	119%	114%	82%	106%	119%	112%	109%	112%	114%	117%	112%	97%	95%	86%	87%	90%

表 6-10　沁水盆地山西组 3 号煤中 Li 逐级化学提取率

相态	提取率/%																	
	P1-1	S5-8	S5-10	S5-12	Y6-3	G8-1	G8-3	G8-5	G8-7	G8-11	G8-R	G8-F	G8-10-P	X-1	X-2	D-2	M-1	M-2
1	0.7	0.19	0.14	0.29	0.2	0.10	0.08	0.1	0.07	0.03	1.35	0.36	0.01	0.39	0.25	0.22	0.11	0.09
2	0.4	0.36	0.73	0.50	0.9	1.10	0.59	0.9	0.33	0.15	0.50	0.37	0.18	0.99	0.61	1.21	0.30	0.38
3	0.12	0.56	0.75	1.18	0.69	0.28	0.23	0.17	0.27	0.22	2.49	3.31	0.68	2.1	0.5	2.3	0.8	0.6
4	0.1	0.31	0.47	0.78	0.3	0.14	0.13	0.2	0.12	0.09	0.84	0.81	0.33	1.28	0.20	0.53	0.25	0.24
5	98.5	96.6	97.9	97.1	97.9	97.3	98.9	98.5	99.0	99.4	91.1	94.2	98.7	92.36	96.58	93.85	97.51	96.63
6	0.2	1.98	0.05	0.13	0	1.12	0.12	0	0.76	0.13	3.70	0.95	0.15	2.90	1.86	1.93	1.01	2.07

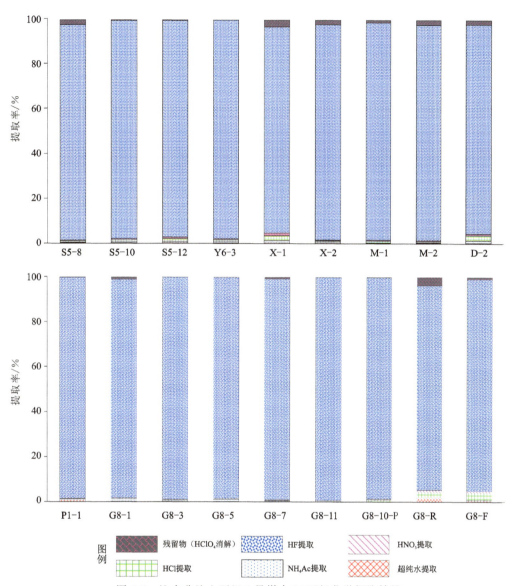

图 6-5 沁水盆地山西组 3 号煤中 Li 逐级化学提取结果

超纯水提取、NH_4Ac 提取、HCl 提取、HNO_3 提取、HF 提取、残留物（$HClO_4$ 消解）分别对应的相态为水溶态、
离子交换态、碳酸盐/磷酸盐/单硫化物态、部分有机态/双硫化物态、铝硅酸盐态、其他有机态

此外，夹矸和顶底板中 Li 的逐级化学提取实验结果与煤的相似，其 HF 提取的 Li 比例均高于 91%，超纯水、NH_4Ac、HCl 和 HNO_3 对夹矸和顶底板中 Li 的提取率均很低，分别为 0.01%～1.35%、0.18%～0.50%、0.68%～3.31%、0.33%～0.84%，残留物中含有的 Li 比例为 0.15%～3.70%（表 6-9、表 6-10）。因此夹矸和顶底板中 Li 的赋存状态也主要为硅酸盐态，主要赋存于夹矸和顶底板中的硅酸盐矿物中。结合 XRD 结果（表 4-1），推测顶底板和夹矸中赋存 Li 的硅酸盐矿物也主要为黏土矿物伊利石和高岭石。

3. 浮沉实验

根据浮沉实验结果（表 6-7），对比全煤和分离出来的 A、B、C、D 四个不同密度组分中的 Li 含量，可以总结出 Li 在 4 个组分的分布特征（图 6-6）。

整体上，组分 C 倾向于富集 Li 元素，其 Li 含量通常高于其他组分。例如，样品 P1-1、X2-1、G8-5 和 G8-9 中组分 C 的 Li 含量均高于组分 A、B 和 D，且组分 C 的 Li 含量高于全煤的 Li 含量；样品 Y6-3 中组分C的Li含量高于组分B和D,也高于全煤的Li含量。组分C主要为富集高岭石等轻矿物的组分,因此,浮沉实验进一步证实了Li可能主要赋存于高岭石等黏土矿物中,该结论与相关性分析和逐级化学提取实验所得出的结论吻合。

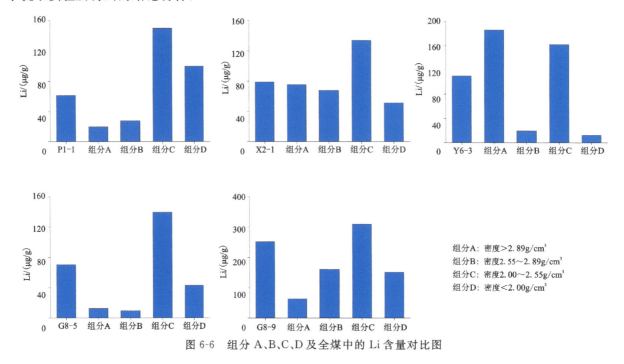

图6-6 组分A、B、C、D及全煤中的Li含量对比图

4. Li在黏土矿物中的赋存方式

相关性分析、逐级化学提取和浮沉实验均表明,沁水盆地山西组3号煤中Li主要赋存于黏土矿物中,黏土矿物是煤中高Li含量的主控因素。众所周知,黏土矿物一般具有较大的比表面积,且常常带负电荷,那么Li是否以被黏土矿物吸附的形式赋存于黏土矿物中?以下将对Li在黏土矿物中的赋存方式进行探讨。

实际上,不少研究者们已经注意到黏土矿物倾向于富集Li(Anderson et al.,1988;Horstman,2003;Millot et al.,2007;Tsai et al.,2014;Hindshaw et al.,2019)。例如,研究者们已报道过高岭石(Hoyer et al.,2015;Greene-Kelly,1955)、伊利石(Clauer et al.,2018;Bobos et al.,2017)、蒙脱石(Hindshaw et al.,2019;Vigier et al.,2008;Bujdák et al.,1991;Berger et al.,1988)和绿泥石(Berger et al.,1988)等黏土矿物具有吸附/结合Li的能力。要了解Li在黏土矿物中的赋存方式,首先要了解黏土矿物的结构特征。黏土矿物在结构上由硅氧四面体和铝氧八面体两种基本结构单元组成。前人研究表明,Li赋存于黏土矿物中的方式主要有两种:①Li进入黏土矿物结构内部,与八面体骨架结合(Williams et al.,2005;Bobos et al.,2017;Hindshaw et al.,2019);②Li被吸附在黏土矿物表面,或附着在带负电荷的层表面,或进入黏土四面体层内的伪六边形位置(Hindshaw et al.,2019)。

逐级化学提取实验结果显示,在所研究沁水盆地山西组3号煤中,以水溶态形式存在Li的比例低于1%,以离子交换态存在Li的比例低于2%(表6-9,图6-5)。可见在所研究煤中Li主要为不可交换态的Li,即Li在黏土矿物中的赋存方式不是以被吸附在矿物表面或附着在带负电荷的层表面等形式,而是位于黏土矿物的八面体骨架中或位于四面体层内的伪六边形中。那么,Li如何能进入到黏土矿物的结构中,以不可交换态的形式存在?前人对于加热过程对黏土矿物对Li吸附作用的影响方面的研究成果可以为研究区煤中水溶态和离子交换态两种Li赋存形式的消失提供证据支撑。Hofmann等(1950)首次报道了含有饱和Li的蒙脱石在温和加热过程中($t<200°C$),原本具有可交换性的Li会丧失其大部分可交换能力,这就是著名的"Hofmann-Kleman effect"。随后,很多研究者也在蒙脱石研究中

发现了类似的现象(Schultz,1969;Jaynes et al.,1987;Theng,1997;Madejová et al.,1999,2006;Vigier et al.,2008;Bodart et al.,2018)。此外,Greene-Kelly(1955)发现在高岭石族矿物的阳离子可交换位置引入 Li^+ 后,在加热到200℃左右时,这些原本处于可交换态的 Li^+ 变得不可交换了。Pennell 等(1991)进一步证实了该现象的存在:在经过加热后,高岭石中原本可交换的 Li^+ 被固定住了,变得不可交换了。对这一现象可能的解释是:Li^+ 的离子半径很小,当黏土矿物被加热时,被黏土矿物吸附的 Li^+ 可以迁移进入到黏土矿物层状结构内部,并被固定起来(Schultz,1969;Madejová et al.,2006)。Li^+ 可以从层间或者层表面的可交换位置进入到八面体晶格中,或者进入四面体层内的伪六边形位置中(Madejová et al.,1999;Bodart et al.,2018)。因此,可以预见的是,在泥炭沼泽中以水溶态和离子交换态这两种可交换态形式被黏土矿物吸附的 Li,在成煤过程中随着埋深和温度的升高,将会逐步地迁移占据黏土矿物晶体中的八面体或四面体层内的伪六边形点位,以不可交换态赋存于黏土矿物中。

另外,在沁水盆地山西组3号煤的顶底板和夹矸中,逐级化学提取结果表明:Li 主要赋存于硅酸盐矿物中,HF 对夹矸、顶底板中 Li 的提取率均高于91%(表6-9,图6-5)。结合 XRD 测试结果(表4-1),推测顶底板与夹矸中赋存 Li 的硅酸盐矿物主要为黏土矿物伊利石和高岭石。可见,不管是在煤中,还是在顶底板和夹矸中,Li 的赋存矿物都相似,即黏土矿物伊利石和高岭石。但是,煤与顶底板、夹矸中的黏土矿物对 Li 的赋存能力存在一定程度上的差异。如表5-3所示,煤中 Li/Al_2O_3 和 Li/SiO_2 值分别为 $(2.87\sim30.43)\times10^{-4}$(平均值为 17.2×10^{-4})、$(1.67\sim29.36)\times10^{-4}$(平均值为 14.2×10^{-4});夹矸中 Li/Al_2O_3 值[$(2.28\sim17.29)\times10^{-4}$,平均值为 8.02×10^{-4}]和 Li/SiO_2 值[$(5.75\sim14.64)\times10^{-4}$,平均值为 8.94×10^{-4}]较低;顶底板中的 Li/Al_2O_3 比值和 Li/SiO_2 值更低,顶板的 Li/Al_2O_3 值和 Li/SiO_2 值分别为 $(0.64\sim8.17)\times10^{-4}$(平均值为 2.86×10^{-4})和 $(0.17\sim2.91)\times10^{-4}$(平均值为 1.07×10^{-4}),底板的 Li/Al_2O_3 比值和 Li/SiO_2 值分别为 $(2.01\sim4.79)\times10^{-4}$(平均值为 3.82×10^{-4},样品 M7-F 除外,其 Li/Al_2O_3 值为 76×10^{-4})和 $(0.67\sim2.15)\times10^{-4}$(平均值为 1.58×10^{-4},样品 M7-F 除外,其 Li/SiO_2 值为 32.55×10^{-4})。因此,可以看出,黏土矿物对 Li 的赋存能力从底顶板、夹矸到煤是逐渐增加的。腐植酸的存在可以为此种现象提供一种可能的解释。在泥炭沼泽中以及煤化作用早期阶段,存在大量腐植酸,腐植酸分子吸附在黏土矿物表面,会改变黏土矿物表面的亲水和疏水性质,进而影响黏土矿物对阳离子和阴离子的吸附作用(Wainipee et al.,2013)。已有研究发现,腐植酸的存在可以增加黏土矿物对部分元素的吸附能力,例如 Cr(Li et al.,2010)及 Cu 和 Cd(Arias et al.,2002)。然而,有关腐植酸对黏土矿物吸附 Li 影响的文献报道仍然缺乏。要深入揭示煤中黏土矿物比顶底板中和夹矸中黏土矿物具有更强 Li 赋存能力的原因,需要进行进一步的深入研究。

第三节 本章小结

基于相关性分析、逐级化学提取、浮沉实验等分析测试手段,探讨了煤中微量元素的赋存状态,重点探讨了煤中稀土元素有机亲和性的差异性及其形成机制及煤中 Li 赋存状态的控制因素,得出的主要认识如下:

(1)相关性分析表明,U、Th、Bi、Li、Ga、Hf 等元素与灰分产率的相关系数 r 均大于0.5,在煤中的赋存状态主要为无机结合态,且这些元素与 Al_2O_3 正相关性明显($r>0.7$),一方面表明元素 Bi、Li、Ga 可能主要赋存于铝硅酸盐中;另一方面表明 Th、U、Hf 等高场强元素也与 Al_2O_3 呈较强的正相关性,可能主要是因为铝硅酸盐矿物和重矿物都较为稳定,常共(伴)生出现。

(2)煤中稀土元素主要赋存于黏土矿物和有机质中,碳酸盐/磷酸盐/单硫化物也可能为部分稀土元素的赋存载体,此外重矿物也可能赋存一定量的中、重稀土元素。相对而言,黏土矿物更倾向于富集轻稀土元素,有机质更倾向于富集重稀土元素。

(3)煤中重稀土较强的有机亲和性可能与泥炭化阶段腐植酸-重稀土间结合能力更强有关。在泥炭化作用阶段,泥炭沼泽中稀土元素/腐植酸含量比较低,稀土元素主要与含量少但亲和性强的点位结合,如酚基或氨羧基点位,此时稀土元素与这些点位的结合能力从 La 到 Lu 逐渐增强,重稀土的有机结合能力最强。

(4)煤中 Li 可能主要赋存于黏土矿物中,黏土矿物是煤中高 Li 含量的主控因素。

(5)逐级化学提取实验结果表明,煤中 Li 主要为不可交换态的 Li,Li 主要位于黏土矿物的八面体骨架中或位于四面体层内的伪六边形中。

(6)夹矸和顶底板中的 Li 也主要赋存于黏土矿物中。但黏土矿物对 Li 的赋存能力从底顶板、夹矸到煤逐渐增加。腐植酸的存在可能增加了黏土矿物对 Li 的赋存能力。

第七章 结 论

本书以山西省沁水盆地山西组 3 号煤为研究对象,运用偏光显微镜、XRD、SEM、ICP-OES、ICP-MS 等分析测试设备,结合工业分析、动物凝胶重量法等实验手段,查明了沁水盆地山西组 3 号煤的煤岩特征、煤化学组成、煤中矿物特征及煤中常量元素、微量元素和稀土元素特征,在此基础上,运用多元统计分析,结合逐级化学提取和浮沉实验,对煤中元素的赋存状态进行分析(重点分析煤中的 REY 和 Li),并结合元素自身性质、煤中稀土元素有机亲和性的差异性及其形成机制、煤中 Li 赋存状态的控制因素,得出的主要认识如下:

(1)沁水盆地山西组 3 号煤的宏观煤岩类型主要为半亮煤和半暗煤,光亮煤和暗淡煤次之;显微组分以镜质组为主,惰质组次之;为低水分、低灰分、低挥发分的高阶烟煤。

(2)煤中矿物主要为高岭石,伊利石次之,此外还含有少量的石英、方解石、白云石、菱铁矿、黄铁矿、铝氢氧化物等矿物。其中,高岭石主要以单独矿物颗粒、薄层状、充填成煤植物胞腔、脉状 4 种赋存状态出现。

(3)煤中常量元素均以 Si 和 Al 为主。煤中除 P_2O_5 含量略高于中国煤外,其他元素含量均值都低于中国煤。煤中常量元素含量偏低可能与其灰分产率较低有关。

(4)与中国煤中微量元素平均含量相比,沁水盆地山西组 3 号煤中 Li 轻度富集。黏土矿物是煤中的高 Li 含量的主控因素。

(5)煤中稀土元素总含量(ΣREY)平均值为 78.41μg/g。煤中 REY 的配分模式以 H-型为主,顶板、底板和夹矸中稀土元素的配分模式主要为 L-型,这种差异性可能是煤中有机质含量高、有机质对 HREY 的亲和性更强所致。

(6)对比全煤和镜煤条带中稀土元素特征发现,不管全煤 REY 配分模式为何种类型,镜煤条带的 REY 配分模式高度相似,都为 H-型,且其 La_N/Lu_N 值明显低于全煤,说明有机组分相比于无机组分具有更强的 HREY 亲和性。

(7)煤中 REY 主要赋存于黏土矿物和有机质中。相对而言,黏土矿物更倾向于富集 LREY,有机质更倾向于富集 HREY。

(8)煤中重稀土较强的有机亲和性可能与泥炭化阶段腐植酸-重稀土间结合能力更强有关。在泥炭化作用阶段,泥炭沼泽中稀土元素/腐植酸含量比较低,稀土元素主要与含量少但亲和性强的点位结合,此时稀土元素与这些点位的结合能力从 La 到 Lu 逐渐增强,HREY 的有机亲和性最强。

(9)煤中 Li 主要位于黏土矿物的八面体骨架中或位于四面体层内的伪六边形中。夹矸和顶底板中的 Li 也主要赋存于黏土矿物中。但黏土矿物对 Li 的赋存能力从顶底板、夹矸到煤逐渐增加。腐植酸的存在可能增加了黏土矿物对 Li 的赋存能力。

主要参考文献

代世峰，2002. 煤中伴生元素的地质地球化学习性与富集模式[D]. 北京：中国矿业大学（北京）.

代世峰，任德贻，周义平，等，2014.煤型稀有金属矿床：成因类型、赋存状态和利用评价[J]. 煤炭学报，39(8)：1707-1715.

代世峰，任德贻，李生盛，2002.煤及顶板中稀土元素赋存状态及逐级化学提取[J]. 中国矿业大学学报，31(5)：349-353.

代世峰，任德贻，李生盛，等，2003. 华北地台晚古生代每种微量元素及As的分布[J]. 中国矿业大学学报，32(2)：111-114.

杜刚，2008. 内蒙古胜利煤田锗-煤矿床地质特征[M]. 北京：煤炭工业出版社.

冯新斌，洪冰，倪建宇，等，1999.煤中部分潜在毒害微量元素在表生条件下的化学活动性[J]. 环境科学学报，19(4)：433-437.

高颖，郭英海，2012. 河东煤田北部煤中镓的分布特征及赋存机理分析[J]. 能源技术与管理（1）：111-113，153.

国家统计局，2019. 中国统计年鉴：2019[M]. 北京：中国统计出版社.

郭瑞霞，杨建丽，刘东艳，等，2002. 煤热解过程中无机有害元素的变迁规律[J]. 环境科学，23(5)：100-104.

黄文辉，杨起，汤达祯，等，1999.华北晚古生代煤的稀土元素地球化学特征[J]. 地质学报，73(4)：360-369.

黄文辉，赵继尧，2002. 中国煤中的锗和镓[J]. 中国煤炭地质，14(S1)：64-69.

姜尧发，王西勃，赵蕾，2006. 大屯矿区太原组煤中稀土元素的赋存特征[J]. 煤炭科学技术，34(1)：73-75.

李昌盛，刘汉斌，李淼，2017. 河东煤田煤中镓的分布规律和工业前景分析[J]. 山东国土资源，33(5)：25-29.

李大华，唐跃刚，陈坤，等，2006. 中国西南地区煤中12种有害微量元素的分布[J].中国矿业大学学报，35(1)：15-20.

李晖，郑刘根，刘桂建，2011. 淮南张集矿区煤中微量元素的含量分布特征分析[J]. 岩石矿物学杂志，30(4)：696-700.

梁虎珍，曾凡桂，孙蓓蕾，等，2013b. 伊敏褐煤和腐殖酸中稀土元素的地球化学特征差异分析[J]. 煤炭学报，38(7)：1234-1241.

梁虎珍，曾凡桂，相建华，等，2013b. 伊敏褐煤中微量元素的地球化学特征及其无机-有机亲和性分析[J]. 燃料化学学报，41(10)：1173-1183.

林添艳，2013. 福建烟煤的宏观煤岩分类[J]. 西部探矿工程，25(2)：110-112.

刘帮军，林明月，2014. 宁武煤田平朔矿区9号煤中锂的富集机理[J]. 地质与勘探，50(6)：1070-1075.

刘贝,黄文辉,敖卫华,等,2015.沁水盆地晚古生代煤中稀土元素地球化学特征[J].煤炭学报,40(12):2916-2926.

刘贝,黄文辉,敖卫华,等,2016.沁水盆地晚古生代煤中硫的地球化学特征及其对有害微量元素富集的影响[J].地学前缘,23(3):59-67.

刘超飞,张志强,2017.煤中不同赋存状态锶提取、分离实验方法讨论[J].科技广场(11):139-143.

刘东娜,曾凡桂,赵峰华,等,2018.山西省煤系伴生三稀矿产资源研究现状及找矿前景[J].煤田地质与勘探,46(4):1-7.

刘飞,2007.山西沁水盆地煤岩储层特征及高产富集区评价[D].成都:成都理工大学.

刘桂建,彭子成,王桂梁,等,2002.煤中微量元素研究进展[J].地球科学进展(1):53-62.

刘桂建,王桂梁,张威,1999.煤中微量元素的环境地球化学研究:以兖州矿区为例[M].徐州:中国矿业大学出版社.

刘汉斌,李淼,郭彦霞,等,2017a.宁武煤田煤炭共伴生矿产分布特征和前景分析[J].能源与环保,39(7):59-64.

刘汉斌,李淼,郭彦霞,等,2017b.山西煤中有害微量元素分布特征与富集规律[J].洁净煤技术,23(3):20-23.

刘汉斌,马志斌,郭彦霞,等,2018.太原西山煤田煤系锂镓赋存特征及工业前景[J].洁净煤技术,24(5):26-32.

刘焕杰,秦勇,桑树勋,1998.山西南部煤层气地质[M].徐州:中国矿业大学出版社.

刘英俊,曹励明,1987.元素地球化学导论[M].北京:地质出版社.

宁树正,邓小利,李聪聪,等,2017.中国煤中金属元素矿产资源研究现状与展望[J].煤炭学报,42(9):2214-222.

宁树正,黄少青,张莉,等,2020.中国北方不同成煤时代煤中关键金属矿点(床)分布及资源前景[J].煤田地质与勘探(2):42-48.

蒲伟,2012.沁水盆地煤变质序列及其对深部过程演化的响应[D].太原:太原理工大学.

潘文浩,2017.沁水盆地山西组煤中稀土元素赋存状态、配分模式及控制因素研究[D].武汉:中国地质大学(武汉).

全国煤炭标准化技术委员会,2000.煤的挥发分产率分级:MT/T 849—2000[S].北京:中国标准出版社.

全国煤炭标准化技术委员会,2000.烟煤的宏观煤岩类型分类:GB/T 18023—2000[S].北京:中国标准出版社.

全国煤炭标准化技术委员会,2009.煤岩分析样品制备方法:GB/T 16773—2008[S].北京:中国标准出版社.

全国煤炭标准化技术委员会,2014.煤的显微组分组和矿物测定方法:GB/T 8899—2013[S].北京:中国标准出版社.

全国煤炭标准化技术委员会,2018.煤炭质量分级 第1部分:灰分:GB/T 15224.1—2018[S].北京:中国标准出版社.

任德贻,赵峰华,代世峰,等,2006.煤的微量元素地球化学[M].北京:科学出版社.

任德贻,赵峰华,张军营,等,1999.煤中有害微量元素富集的成因类型初探[J].地学前缘,6(增刊):17-22.

山西省地质矿产局,1989.山西省区域地质志[M].北京:地质出版社.

山西省煤炭管理局,1960.山西煤田地质[M].北京:煤炭工业出版社.

邵靖邦,曾凡桂,王宇林,等,1997.平庄煤田煤的稀土元素地球化学特征[J].煤田地质与勘探,25(4):13-15.

邵龙义,肖正辉,何志平,等,2006.晋东南沁水盆地石炭二叠纪含煤岩系古地理及聚煤作用研究[J].古地理学报(1):43-52.

申伟刚,2019.沁水煤田高铝煤的地球化学特征[D].邯郸:河北工程大学.

沈阳,2019.首阳山煤矿3号、9号煤的地球化学特征[D].邯郸:河北工程大学.

孙富民,2018.山西省石炭—二叠纪主采煤层煤中锂的含量分布特征与成矿前景分析[J].中国煤炭地质,30(7):40-43.

孙玉壮,赵存良,李彦恒,等,2014.煤中某些伴生金属元素的综合利用指标探讨[J].煤炭学报,39(4):744-748.

唐书恒,杨宁,2017.准格尔煤田串草圪旦煤矿5号煤中有害元素赋存状态与分布规律[J].中国煤炭地质,29(9):1-6.

唐修义,黄文辉,2004.中国煤中微量元素[M].北京:商务印书馆.

汪文军,陈冰宇,丁典识,等,2018.淮南煤田潘三矿煤中钡、锰、镍的含量及其赋存状态[J].中国煤炭地质,30(4):5-7,21.

王华,严德天,2015.煤田地质学简明教程[M].武汉:中国地质大学出版社.

王强,杨瑞东,鲍淼,2008.贵州毕节地区煤层中稀土元素在含煤地层划分与对比中应用探讨[J].沉积学报,26(1):21-27.

王文峰,秦勇,宋党育,2003a.煤中有害微量元素的赋存状态[J].中国煤田地质,15(4):10-13.

王文峰,秦勇,宋党育,等,2002.晋北中高硫煤中稀土元素的地球化学特征[J].地球化学,31(6):564-570.

王文峰,秦勇,宋党育,2003b.煤中有害元素的洗选洁净潜势[J].燃料化学学报(4):295-299.

王中刚,余学元,赵振华,等,1989.稀土元素地球化学[M].北京:科学出版社.

卫宏,陆昌后,窦随兵,1990.太原西山煤田煤层中的镓元素及其工业意义[J].山西矿业学院学报,8(4):382-386.

闻明忠,徐文东,2010.燃煤电厂中有害微量元素迁移释放[J].煤炭学报,35(9):1518-1523.

吴国代,王文峰,秦勇,等,2009.准格尔煤中镓的分布特征和富集机理分析[J].煤炭科学技术,37(4):117-120.

西安煤炭科学研究所地质室煤中伴生元素课题组,1973.煤中锗的分布及其成因的初步探讨[J].煤田地质与勘探(1):66-75.

徐刚,李树刚,丁洋,2013.沁水盆地煤层气富集单元划分[J].煤田地质与勘探,41(6):22-26.

杨建业,2015.从红外光谱处理的数据看镧系元素与煤有机质的关系:以太原西山矿区8号煤层为例[J].煤炭学报,40(5):1109-1116.

杨建业,张卫国,赵洲,等,2014.微量元素与煤有机质的结合关系浅探:以太原西山矿区8号煤层为例[J].燃料化学学报,42(6):662-670.

张军营,任德贻,赵峰华,等,1998.煤中微量元素赋存状态研究方法[J].煤炭转化(4):14-19.

张军营,1999.煤中潜在毒害微量元素富集规律及其污染性抑制研究[D].北京:中国矿业大学(北京).

张淑苓,王淑英,尹金双,1987.云南临沧地区帮卖盆地含铀煤中锗矿的研究[J].铀矿地质(5):267-275.

张淑苓,尹金双,王淑英,1988.云南帮卖盆地煤中锗存在形式的研究[J].沉积学报(3):29-40.

赵峰华，1997. 煤中有害微量元素分布赋存机制及燃煤产物淋滤实验研究[D]. 北京：中国矿业大学（北京）.

赵峰华，彭苏萍，李大华，等，2003. 低煤阶煤中部分元素有机亲合性的定量研究[J]. 中国矿业大学学报（1）：21-25.

赵峰华，任德贻，郑宝山，等，1998. 高砷煤中砷赋存状态的扩展X射线吸收精细结构谱研究[J]. 科学通报（14）：1549-1551.

赵晶，关腾，李姣龙，等，2011. 平朔矿区9#煤中镉、铬和铊的含量分布及赋存状态[J]. 河北工程大学学报（自然科学版），28（4）：56-73.

赵志根，唐修义，李宝芳，2000. 淮北煤田的稀土元素地球化学[J]. 地球化学，29（6）：578-583.

郑刘根，刘桂建，张浩原，等，2006. 淮北煤田二叠纪煤中稀土元素地球化学研究[J]. 高校地质学报，12（1）：41-52.

中华人民共和国自然资源部，2019. 2019中国矿产资源报告[M]. 北京：地质出版社.

ACHOLLA F V, ORR W L, 1993. Pyrite removal from kerogen without altering organic matter: the chromous chloride method[J]. Energy Fuel, 7: 406-410.

ALVAREZ R, CLEMENTE C, GÓMEZ-LIMÓN D, 2003. The influence of nitric acid oxidation of low rank coal and its impact on coal structure[J]. Fuel, 82: 2007-2015.

ANDERSON M A, BERTSCH P M, MILLER W P, 1988. The distribution of lithium in selected soils and surface waters of the southeastern U. S. A[J]. Applied Geochemistry, 3(2): 205-212.

ARBUZOV S I, MASLOV S G, FINKELMAN R B., et al., 2018. Modes of occurrence of rare earth elements in peat from Western Siberia[J]. Journal of Geochemical Exploration, 184: 40-48.

ARIAS M, BARRAL M T, MEJUTO J C, 2002. Enhancement of copper and cadmium adsorption on kaolin by the presence of humic acids[J]. Chemosphere, 48: 1081-1088.

ASTM, 2012. Standard test method for ash in the analysis sample of coal and coke from coal: D3174-12[S]. West Conshohocken, PA: ASTM International.

ASTM, 2017. Standard test method for moisture in the analysis sample of coal and coke: D3173/D3173M-17a[S]. West Conshohocken, PA: ASTM International.

ASTM, 2017. Standard test for uolatilematter in the analysis sample of coal and coke: D3175/D3175M-17a[S]. West Conshohocken, PA: ASTM International.

BAI Y, LIU Z, SUN P, et al., 2015. Rare earth and major element geochemistry of Eocene fine-grained sediments in oil shale- and coal-bearing layers of the Meihe Basin, Northeast China[J]. Journal of Asian Earth Sciences, 97: 89-101.

BAIOUMY H, AHMED SALIM A M, ARIFIN M H, et al., 2018. Geochemical characteristics of the Paleogene-Neogene coals and black shales from Malaysia: implications for their origin and hydrocarbon potential[J]. Journal of Natural Gas Science & Engineering, 51: 73-88.

BAU M, 1996b. Controls on the fractionation of isovalent trace elements in magmatic and aqueous systems: evidence from Y/Ho, Zr/Hf, and lanthanide tetrad effect[J]. Contributions to Mineralogy and Petrology, 123: 323-333.

BAU M, DULSKI P, 1996. Distribution of yttrium and rare-earth elements in the Penge and Kuruman iron-formations, Transvaal Supergroup, South Africa[J]. Precambrian Research, 79(1/2): 37-55.

BERGER G, SCHOTT J, GUY C, 1988. Behavior of Li, Rb and Cs during basalt glass and olivine dissolution and chlorite, smectite and zeolite precipitation from seawater: experimental investigations and modelization between 50°C and 300°C[J]. Chemical Geology, 71: 297-312.

BIRK D, WHITE J C, 1991. Rare earth elements in bituminous coals and underclays of the Sydney Basin, Nova Scotia: element sites, distribution, mineralogy[J]. International Journal of Coal Geology, 19: 219-251.

BOBOS I, WILLIAMS L B, 2017. Boron, lithium and nitrogen isotope geochemistry of NH_4-illite clays in the fossil hydrothermal system of Harghita Bāi, East Carpathians, Romania[J]. Chemical Geology, 473: 22-39.

BODART P R, DELMOTTE L, RIGOLET S, et al., 2018. 7Li{19F} TEDOR NMR to observe the lithium migration in heated montmorillonite[J]. Applied Clay Science, 157: 204-211.

BP, 2018. BP statistical review of world energy 2018[R]. London: BP.

BUJDÁK J, SLOSIARIKOVA H, NOVAKOVA L, et al., 1991. Fixation of lithium cations in montmorillonite[J]. Chemical Papers, 45(4): 499-507.

CAI Y, LIU D, YAO Y, et al., 2011. Geological controls on prediction of coalbed methane of No. 3 coal seam in southern Qinshui Basin, North China[J]. International Journal of Coal Geology, 88(2/3): 101-112.

CAVENDER P F, SPEARS D A, 1995. Analysis of forms of sulfur within coal, and minor and trace element associations with pyrite by ICP analysis of extraction solutions[J]. Coal Science Technology, 24: 1653-1656.

CHOU C L, 2012. Sulfur in coals: a review of geochemistry and origins[J]. International Journal of Coal Geology, 100: 1-13.

CLAUER N, WILLIAMS L B, LEMARCHAND D, et al., 2018. Illitization decrypted by B and Li isotope geochemistry of nanometer-sized illite crystals from bentonite beds, East Slovak Basin[J]. Chemical Geology, 477: 177-194.

DAI S F, REN D Y, TANG Y G, et al., 2005. Concentration and distribution of elements in Late Permian coals from western Guizhou Province, China[J]. International Journal of Coal Geology, 61(1/2): 119-137.

DAI S F, BECHTEL A, EBLE C F, et al., 2020. Recognition of peat depositional environments in coal: a review[J/OL]. International Journal of Coal Geology, 219: 103383[2020-05-20]. https://doi.org/10.1016/j.coal.2019.103383.

DAI S F, FINKELMAN R B, 2018a. Coal as a promising source of critical elements: progress and future prospects[J]. International Journal of Coal Geology, 186: 155-164.

DAI S F, HOWER J C, WARD C R, et al., 2015a. Elements and phosphorus minerals in the middle Jurassic inertinite-rich coals of the Muli Coalfield on the Tibetan Plateau[J]. International Journal of Coal Geology, 144-145: 23-47.

DAI S F, JIANG Y F, WARD C R, et al., 2012b. Mineralogical and geochemical compositions of the coal in the Guanbanwusu Mine, Inner Mongolia, China: further evidence for the existence of an Al (Ga and REE) ore deposit in the Jungar Coalfield[J]. International Journal of Coal Geology, 98: 10-40.

DAI S F, LI D H, CHOU C L, et al., 2008. Mineralogy and geochemistry of boehmite-rich coals: new insights from the Haerwusu Surface Mine, Jungar Coalfield, Inner Mongolia, China[J]. International Journal of Coal Geology, 74(3/4): 185-202.

DAI S F, LUO Y B, SEREDIN V V, et al., 2014. Revisiting the late Permian coal from the

Huayingshan, Sichuan, southwestern China: enrichment and occurrence modes of minerals and trace elements[J]. International Journal of Coal Geology, 122: 110-128.

DAI S F, REN D Y, CHOU C L, et al., 2006. Mineralogy and geochemistry of the No. 6 coal (Pennsylvanian) in the Junger Coalfield, Ordos Basin, China[J]. International Journal of Coal Geology, 66(4): 253-270.

DAI S F, REN D Y, CHOU C L, et al., 2012a. Geochemistry of trace elements in Chinese coals: a review of abundances, genetic types, impacts on human health, and industrial utilization[J]. International Journal of Coal Geology, 94: 3-21.

DAI S F, WANG P P, WARD C R, et al., 2015b. Elemental and mineralogical anomalies in the coal-hosted Ge ore deposit of Lincang, Yunnan, southwestern China: key role of N_2-dCO_2-mixed hydrothermalsolutions[J]. International Journal of Coal Geology, 152: 19-46.

DAI S F, YAN X Y, WARD C R, et al., 2018b. Valuable elements in Chinese coals: a review [J]. International Geology Review, 60(5/6): 590-620.

DAI S F, ZHANG W G, WARD C R, et al., 2013. Mineralogical and geochemical anomalies of late Permian coals from the Fusui Coalfield, Guangxi Province, southern China: influences of terrigenous materials and hydrothermal fluids[J]. International Journal of Coal Geology, 105: 60-84.

DAI S F, ZOU J H, JIANG Y F, et al., 2012c. Mineralogical and geochemical compositions of the Pennsylvanian coal in the Adaohai Mine, Daqingshan Coalfield, Inner Mongolia, China: modes of occurrence and origin of diaspore, gorceixite, and ammonian illite[J]. International Journal of Coal Geology, 94: 250-270.

DAI S F, LI D H, REN D Y, et al., 2004. Geochemistry of the late Permian No. 30 coal seam, Zhijin Coalfield of Southwest China: influence of a siliceous low-temperature hydrothermal fluid[J]. Applied Geochemistry, 19(8): 1315-1330.

DES CLOIZEAUX M, 1880. Report to the society on behalf of M. Terrell on the small crystals of linnaeite which he discovered in the beds of coal in the Rhoda Valley, Glamorganshire[J]. Bull. Soc. Minerologen., 3: 170-171.

DIERCKX A, MAES A, VANCLUYSEN J, 1994. Mixed complex formation of Eu^{3+} with humic acid and a competing ligand[J]. Radiochimica Acta, 66-67: 149-156.

DOMINIK J, STANLEY D J, 1993. Boron, beryllium and sulfur in Holocene sediments and peats of the Nile delta, Egypt: their use as indicators of salinity and climate[J]. Chemical Geology, 104(1/4): 203-216.

DREHER G B, FINKELMAN R B, 1992. Selenium mobilization in a surface coal mine, Powder River Basin, Wyoming, USA[J]. Environmental Geology & Water Sciences, 19(3): 155-167.

ESKANAZY G M, FINKELMAN R B, CHATTARJEE S, 2010. Some considerations concerning the use of correlation coefficients and cluster analysis in interpreting coal geochemistry data [J]. International Journal of Coal Geology, 83(4): 491-493.

ESKENAZY G M, 1987a. Rare earth elements in a sampled coal from the Pirin deposit, Bulgaria [J]. International Journal of Coal Geology, 7(3): 301-314.

ESKENAZY G M, 1999. Aspects of the geochemistry of rare earth elements in coal: an experimental approach[J]. International Journal of Coal Geology, 38(3/4): 285-295.

ESKENAZY G M, 1987b. Rare earth elements and yttrium in lithotypes of Bulgarian coals[J]. Organic Geochemistry, 11(2): 83-89.

ETSCHMANN B, LIU W, LI K, et al., 2017. Enrichment of germanium and associated arsenic and tungsten in coal and roll-front uranium deposits[J]. Chemical Geology, 463: 29-49.

FINKELMAN R B, 1981. Modes of occurrence of trace elements in coal[R]. USGS Open-File Report. Reston, VA: USGS: 81-99.

FINKELMAN R B, 1993. Trace and minor elements in coal[M]//ENGEL M H, MACKO S A. Organic geochemistry: principles and applications. Boston, MA: Springer: 593-607.

FINKELMAN R B, PALMER C A, WANG P, 2018. Quantification of the modes of occurrence of 42 elements in coal[J]. International Journal of Coal Geology, 185: 138-160.

FRANZ C, HERRMANN G, TRAUTMANN N, 1997. Complexation of samarium (Ⅲ) and americium (Ⅲ) with humic acid atvery low metal concentrations[J]. Radiochimica Acta, 77(3): 177-181.

GOLDSCHMIDT V M, PETERS C, 1933. Ueber die Anreicherung seltener Elemente in Steinkohlen[J]. Nachr Ges Wiss Göttingen Math Phys Kl Heft, 4: 371-386.

GONG B, PIGRAM P J, LAMB R N, 1998. Surface studies of low-temperature oxidation of bituminous coal vitrain bands using XPS and SIMS[J]. Fuel, 77(9/10): 1081-1087.

GOODARZI F, GRIEVE D A, SANEI H, et al., 2009. Geochemistry of coals from the Elk Valley coalfield, British Columbia, Canada[J]. International Journal of Coal Geology, 77(3/4): 246-259.

GOODARZI F, SWAINE D J, 1994a. The influence of geological factors on the concentration of boron in Australian and Canadian coals[J]. Chemical Geology, 118: 301-318.

GOODARZI F, SWAINE D J, 1994b. Paleoenvironmental and environmental implications of the boron content of coals[J]. Clinical Oral Implants Research, 11(2): 657-666.

GREENE-KELLY R, 1955. Lithium absorption by kaolin minerals[J]. Journal of Physical Chemistry, 59(11): 1151-1152.

HANNIGAN R E, SHOLKOVITZ E R, 2001. The development of middle rare earth element enrichments in freshwaters: weathering of phosphate minerals[J]. Chemical Geology, 175: 495-508.

HAYASHI K I, FUJISAWA H, HOLLAND H D, et al., 1997. Geochemistry of ~1.9 Ga sedimentary rocks from northeastern Labrador, Canada[J]. Geochimica et Cosmochimica Acta, 61: 4115-4137.

HINDSHAW R S, TOSCA R, GOÛT T L, et al., 2019. Experimental constraints on Li isotope fractionation during clay formation[J]. Geochimica et Cosmochimica Acta, 250: 219-237.

HOFMANN U, KLEMEN R, 1950. Verlust der Austauschfähigkeit von Lithiumionen an Bentonit durch Erhitzung[J]. Zeitschrift für anorganische Chemie, 262(1/5): 95-99.

HORSTMAN E L, 2003. The distribution of lithium, rubidium and caesium in igneous and sedimentary rocks[J]. Geochimica et Cosmochimica Acta, 12: 1-28.

HOWER J C, RUPPERT L F, EBLE C F, 1999. Lanthanide, yttrium, and zirconium anomalies in the Fire Clay coal bed, Eastern Kentucky[J]. International Journal of Coal Geology, 39(1/3): 141-153.

HOYER M, KUMMER N A, MERKEL B, 2015. Sorption of lithium on bentonite, kaolin and zeolite[J]. Geosciences, 5(2): 127-140.

IEA (International Energy Agency), 2019. Coal information 2019[M/OL]. (2019-08-28)[2020-04-20]. https://webstore.iea.org/coal-information.

JAYNES W F, BIGHAM J M, 1987. Charge reduction, octahedral charge, and lithium retention in heated, Li-saturated smectites[J]. Clays and Clay Minerals, 35(6): 440-448.

KETRIS M P, YUDOVICH Y E, 2009. Estimations of clarkes for carbonaceous biolithes: world averages for trace element contents in black shales and coals[J]. International Journal of Coal Geology, 78(2): 135-148.

LARSEN J W, PAN C S, SHAWVER S, 1989. Effect of demineralization on the macromolecular structure of coals[J]. Energy and Fuels, 3: 557-561.

LEWINSKA-PREIS L, FABIANSKA M J, CMIEL S, et al., 2009. Geochemical distribution of trace elements in Kaffioyra and Longyearbyen coals, Spitsbergen, Norway[J]. International Journal of Coal Geology, 80(3/4): 211-223.

LI C, LIANG H, WANG S, et al., 2018. Study of harmful trace elements and rare earth elements in the Permian tectonically deformed coals from Lugou Mine, North China Coal Basin, China[J]. Journalof Geochemical Exploration, 190: 10-25.

LI Y, YUE Q Y, GAO B Y, 2010. Effect of humic acid on the Cr (Ⅵ) adsorption onto kaolin [J]. Applied Clay Science, 48(3): 481-484.

LI Y, ZHANG C, TANG D, et al., 2017. Coal pore size distributions controlled by the coalificationprocess: an experimental study of coals from the Junggar, Ordos and Qinshui Basins in China[J]. Fuel, 206: 352-363.

LI Z, WARD C R, GURBA L W, 2007. Occurrence of non-mineral inorganic elements in low-rank coal macerals as shown by electron microprobe element mapping techniques[J]. International Journal of Coal Geology, 70:137-149.

LI Z, WARD C R, GURBA L W, 2010. Occurrence of non-mineral inorganic elements in macerals of low-rank coals[J]. International Journal of Coal Geology, 81(4): 242-250.

LIANG H Z, WANG C G, ZENG F G, et al., 2014. Effect of demineralization on lignite structure from Yinmin coalfield by FT-IR investigation[J]. Journal of Fuel Chemistry and Technology, 42(2): 129-137.

LIN R, BANK T L, ROTH E A, et al., 2017. Organic and inorganic associations of rare earth elements in central Appalachian coal[J]. International Journal of Coal Geology, 179: 295-301.

LIU J, WARD C R, GRAHAM I T, et al., 2018. Modes of occurrence of non-mineral inorganic elements in lignites from the Mile Basin, Yunnan Province, China[J]. Fuel, 222:146-155.

LIU J, YANG Z, YAN X, et al., 2015. Modes of occurrence of highly elevated trace elements in super high-organic-sulfur coals[J]. Fuel, 156: 190-197.

MADEJOVÁ J, ARVAIOVÁ B, KOMADEL P, 1999. FTIR spectroscopic characterization of thermally treated Cu^{2+}, Cd^{2+}, and Li^+ montmorillonites[J]. Spectrochimica Acta Part A: Molecular and Biomolecular Spectroscopy, 55(12): 2467-2476.

MADEJOVÁ J, PÁLKOVÁ H, KOMADEl P, 2006. Behaviour of Li^+ and Cu^{2+} in heated montmorillonite: evidence from far-, mid-, and near-IR regions[J]. Vibrational Spectroscopy, 40(1): 80-88.

MAES A, DE BRABANDERE J, CREMERS A, 1988. A modified Schubert method for the measurement of the stability of europium humic acid complexes in alkaline conditions[J]. Radiochimica Acta, 44-45(1): 51-57.

MARSAC R, DAVRANCHE M, GRUAU G, et al., 2010. Metal loading effect on rare earth element binding to humic acid: experimental and modelling evidence[J]. Geochimica et Cosmochimica Acta, 74(6): 1749-1761.

MARTINEZ-TARAZONA M R, SPEARS D A, TASCON J M D, 1992. Organic affinity of trace elements in Asturian bituminous coals[J]. Fuel, 71(8): 909-917.

MCLENNAN S M, 1989. Rare earth elements in sedimentary rocks: influence of provenance and sedimentary processes[J]. Reviews in Mineralogy and Geochemistry, 21(1): 169-200.

MICHARD A, 1989. Rare earth element systematics in hydrothermal fluids[J]. Geochemica et Cosmochimica Acta, 53(3): 745-750.

MILLER R N, GIVEN P H, 1987. The association of major, minor and trace inorganic elements with lignites. II. Minerals, and major and minor element profiles, in four seams[J]. Geochimica et Cosmochimica Acta, 51(5): 1311-1322.

MILLOT R, GIRARD J P, 2007. Lithium isotope fractionation during adsorption onto mineral surfaces[C]//Clays in Natural & Engineered Barriers For Radioactive Waste Confinement. 3rd International Meeting, September 17-18, 2007, Lille, France: 307-308.

MOULIN V, TITS J, MOULIN C, et al., 1992. Complexation behavior of humic substances towards actinides and lanthanides studied by Time-Resolved Laser-Induced Spectrofluorometry[J]. Radiochimica Acta, 58-59(1): 121-128.

MUKHERJEE S, BORTHAKUR P C, 2004. Demineralization of subbituminous high sulphur coal using mineral acids[J]. Fuel Processing Technology, 85(2/3): 157-164.

MUNIR M A M, LIU G, YOUSAF B. et al., 2018. Enrichment of Bi-Be-Mo-Cd-Pb-Nb-Ga, REEs and Y in the Permian coals of the Huainan Coalfield, Anhui, China[J]. Ore Geology Reviews, 95: 431-455.

OREM W H, FINKELMAN R B, 2014. Coal formation and geochemistry[M]//HOLLAND H D, Turekian K K. Treatise on Geochemistry. 2nd ed. Oxford, England: Pergamon: 207-232.

PALMER C A, MROCZKOWSKI S J, FINKELMAN R B, et al., 1998. The use of sequential laboratory leaching to quantify the modes of occurrence trace elements in coal[C]. Pittsburgh Coal Conference, Pittsburgh, PA: CDROM.

PAN J, ZHOU C, TANG M, et al., 2019. Study on the modes of occurrence of rare earth elements in coal fly ash by statistics and a sequential chemical extraction procedure[J]. Fuel, 237: 555-565.

PENNELL K D, DEAN RHUE R, HARRIS W G, 1991. The effect of heat treatments on thetotal charge and exchangeable cations of Ca-, Na-, and Li-saturated kaolinite[J]. Clays and Clay Minerals, 39: 306-315.

PLASCHKE M, ROTHE J, DENECKE M A, et al., 2004. Soft X-ray spectromicroscopy of humic acid europium (Ⅲ) complexation by comparison to model substances[J]. Journal of Electron Spectroscopy and Related Phenomena, 135: 53-65.

POURRET O, DAVRANCHE M, GRUAU G, et al., 2007. Rare earth complexation by humic acid[J]. Chemical Geology, 243: 128-141.

POURRET O, MARTINEZ R E, 2009. Modelling lanthanide series binding sites on humic acid[J]. Journal of Colloid and Interface Science, 330(1): 45-50.

QI H, HU R, ZHANG Q, 2007. REE geochemistry of the Cretaceous lignite from Wulantuga Germanium Deposit, Inner Mongolia, Northeastern China[J]. International Journal of Coal Geology, 71: 329-344.

QUEROL X, ALASTUEY A, CHINCHON J S, et al., 1993. Determination of pyritic sulphur and organic matter contents in Spanish subbituminous coals by X-ray powder diffraction[J]. International Journal of Coal Geology, 22: 279-293.

QUEROL X, CABREBRA L I, PICKEL W, et al., 1996a. Geological controls on the coal quality of the Mequinenza subbituminous coal deposit, northeast Spain[J]. International Journal of Coal Geology, 29(1/3): 67-91.

QUEROL X, CHENERY S, 1995. Determination of trace element affinities in coal by laser ablation microprobe-inductively coupled plasma mass spectrometry[J]. Geological Society London Special Publication, 82(1): 137-146.

QUEROL X, JUAN R, LOPEZ-SOLER A, et al., 1996b. Mobility of trace elements from coal and combustion wastes[J]. Fuel, 75(7): 821-838.

QUEROL X, KLIKA Z, WEISS Z, et al., 2001. Determination of element affinities by density fractionation of bulk coal samples[J]. Fuel, 80(1): 83-96.

QUEROL X, KLIKA Z, WEISS Z, et al., 2001. Determination of element affinities by density fractionation of bulk coal samples[J]. Fuel, 80: 83-96.

RAMAGE H, 1927. Gallium in flue dust[J]. Nature, 119(3004): 783.

ROETS L, STRYDOM C A, BUNT J R, et al., 2015. The effect of acid washing on the pyrolysis products derived from a vitrinite-rich bituminous coal[J]. Journal of Analytical and Applied Pyrolysis, 116: 142-151.

RUDNICK R L, GAO S, 2003. Composition of the continental crust[M]//RUDNICK R L. Volume 3: the crust. HOLLAND H D, TUREKIAN K K. Treatise on geochemistry. Oxford, England: Pergamon: 1-64.

SCHATZEL S J, STEWART B W, 2003. Rare earth element sources and modification in the Lower Kittanning coal bed, Pennsylvania: implications for the origin of coal mineral matter and rare earth element exposure in underground mines[J]. International Journal of Coal Geology, 54(3/4): 223-251.

SCHATZEL S J, STEWART B W, 2012. A provenance study of mineral matter in coal from AppalachianBasin coal mining regions and implications regarding the respirable health of underground coal workers: a geochemical and Nd isotope investigation[J]. International Journal of Coal Geology, 94: 123-136.

SCHULTZ L G, 1969. Lithium and potassium absorption, dehydroxylation temperature, and structural water content of aluminous smectites[J]. Clays and Clay Minerals, 17(3): 115-149.

SEREDIN V V, 1991. About new type REE mineralization of Cenozoic coal-bearing basins[J]. Doklady Akademii Nauk SSSR, 320(5): 1446-1450.

SEREDIN V V, 1996. Rare earth element-bearing coals from the Russian Far East deposits[J]. International Journal of Coal Geology, 30(1/2): 101-129.

SEREDIN V V, 2012b. From coal science to metal production and environmental protection: a new story of success[J]. International Journal of Coal Geology, 90/91: 1-3.

SEREDIN V V, DAI S F, 2012a. Coal deposits as potential alternative sources for lanthanides and yttrium[J]. International Journal of Coal Geology, 94: 67-93.

SEREDIN V V, DAI S F, SUN Y Z, et al., 2013. Coal deposits as promising sources of rare metals for alternative power and energy-efficient technologies[J]. Applied Geochemistry, 31: 1-11.

SEREDIN V V, FINKELMAN R B, 2008. Metalliferous coals: a review of the main genetic and geochemical type[J]. International Journal of Coal Geology, 76: 253-289.

SEREDIN V V, SHPIRT M Y, 1999. Rare earth elements in the humic substance of metalliferous coals[J]. Lithology and Mineral Resources, 34: 244-248.

SHAO L Y, YANG Z Y, SHANG X X, et al., 2015. Lithofacies palaeogeography of the Carboniferous and Permian in the Qinshui Basin, Shanxi Province, China [J]. Journal of Palaeogeography, 4(4): 84-412.

SOLARI J A, FIEDLER H, SCHNEIDER C L, 1989. Modelling of the distribution of trace elements in coal[J]. Fuel, 68(4): 536-539.

SONG Y M, FENG W, LI N, et al., 2016. Effects of demineralization on the structure and combustionproperties of Shengli lignite[J]. Fuel, 183(1): 659-667.

SONKE J E, SALTERS V J M, 2006. Lanthanide-humic substances complexation. I. Experimental evidence for alanthanide contraction effect [J]. Geochimica et Cosmochimica Acta, 70: 1495-1506.

SPEARS D A, ARBUZOV S I. A geochemical and mineralogical update on two major ton steins in the UK Carboniferous Coal Measures [J]. International Journal of Coal Geology, 2019, 210: 103199.

SPEARS D, BORREGO A, COX A, et al., 2007. Use of laser ablation ICP-MS to determine trace element distributions in coals, with special reference to V, Ge and Al[J]. International Journal of Coal Geology, 72:165-176.

STERN J C, SONKE J E, SALTERS, V J M, 2007. A capillary electrophoresis-ICP-MS study of rare earth elementcomplexation by humic acids[J]. Chemical Geology, 246: 170-180.

SUN R Y, LIU G J, ZHENG L G, et al., 2010. Geochemistry of trace elements in coals from the Zhuji Mine, Huainan Coalfield, Anhui, China[J]. International Journal of Coal Geology, 81(2): 81-96.

SUN Y Z, LI Y H, ZHAO C L, et al., 2010. Concentrations of Lithium in Chinese coals[J]. Energy Exploration & Exploitation, 28(2): 97-104.

SUN Y Z, ZHAO C L, LI Y H, et al., 2013a. Further information of the associated Li deposits in the No. 6 Coal Seam at Jungar Coalfield, Inner Mongolia, northern China[J]. Acta Geologica Sinica (English Edition), 87(4): 1097-1108.

SUN Y Z, ZHAO C L, LI Y H, et al., 2012. Li distribution and mode of occurrences in Li-bearing coal seam #6 from the Guanbanwusu Mine, Inner Mongolia, northern China[J]. Energy Exploration & Exploitation, 30: 109-130.

SUN Y Z, ZHAO C L, LI Y H, et al., 2013b. Li distribution and mode of occurrences in Li-bearing Coal Seam 9 from Pingshuo Mining District, Ningwu Coalfield, northern China[J]. Energy Education Science and Technology Part A:Energy Science and Research, 31(1): 27-38.

SUN Y Z, ZHAO C L, ZHANG J Y, et al., 2013c. Concentrations of valuable elements of the coals from the Pingshuo Mining District, Ningwu Coalfield, northern China[J]. Energy Exploration & Exploitation, 31(5): 727-744.

SWAINE D J, 1990. Trace elements in coal[M]. London: Butterworths.

SWAINE D J, GOODARZI F, 1995. Environmental aspects of trace elements in coal[M]. Energy & Environment, Volume 2. Dordrecht: Kluwer Academic Publishers.

TAKAHASHI Y, MINAI Y, AMBE S, et al., 1997. Simultaneous determination of stability constants of humate complexes with various metal ions using multitracer technique[J]. The Science of the Total Environment, 198(1): 61-71.

THENG B K G, 1997. Nuclear magnetic resonance and X-ray photoelectron spectroscopic investigation of lithium migration in montmorillonite[J]. Clays and Clay Minerals, 45: 718-723.

TSAI P H, YOU C F, HUANG K F, et al., 2014. Lithium distribution and isotopic fractionation during chemical weathering and soil formation in a loess profile[J]. Journal of Asian Earth Sciences, 87: 1-10.

VIGIER N, DECARREAU A, MILLOT R, et al., 2008. Quantifying Li isotope fractionation during smectite formation and implications for the Li cycle[J]. Geochimica et Cosmochimica Acta, 72(3): 780-792.

WAINIPEE W, CUADROS J, SEPHTON M A, et al., 2013. The effects of oil on As (V) adsorption on illite, kaolinite, montmorillonite and chlorite[J]. Geochimica et Cosmochimica Acta, 121: 487-502.

WANG W F, QIN Y, QIAN F C, et al., 2014. Partitioning of elements from coal by different solvents extraction[J]. Fuel, 125: 73-80.

WANG W F, QIN Y, SANG S X, et al., 2008. Geochemistry of rare earth elements in a marine influenced coal and its organic solvent extracts from the Antaibao Mining District, Shanxi, China[J]. International Journal of Coal Geology, 76: 309-317.

WCA (World Coal Association), 2019. Uses of coal[EB/OL]. [2020-04-20]. https://www.worldcoal.org/coal/uses-coal.

WEI Q, DAI S F, LEFTICARIU L, et al., 2018. Electron probe microanalysis of major and trace elements in coals and their low-temperature ashes from the Wulantuga and Lincang Ge ore deposits, China[J]. Fuel, 215: 1-12.

WEI Q, RIMMER S M, 2017. Acid solubility and affinities of trace elements in the high-Ge coals from Wulantuga (Inner Mongolia) and Lincang (Yunnan Province), China[J]. International Journal of Coal Geology, 178: 39-55.

WILLIAMS L B, HERVIG R L, 2005. Lithium and boron isotopes in illite-smectite: the importance of crystal size[J]. Geochimica et Cosmochimica Acta, 69: 5705-5716.

YAMAMOTO Y, TAKAHASHI Y, SHIMIZU H, 2005. Systematics of stability constants of fulvate complexes with rare earth ions[J]. Chemistry Letters, 34(6): 880-881.

YAMAMOTO Y, TAKAHASHI Y, SHIMIZU H, 2010. Systematic change in relative stabilities of REE-humic complexes[J]. Geochemical Journal, 44: 39-63.

ZHAO C L, LIU B J, XIAO L, et al., 2017. Significant enrichment of Ga, Rb, Cs, REEs and Y in the Jurassic No. 6 coal in the Iqe Coalfield, northern Qaidam Basin, China: a hidden gem[J]. Ore Geology Reviews, 83: 1-13.

ZHAO L, DAI S F, NECHAEV V P, et al., 2019. Enrichment origin of critical elements (Li and rare earth elements) and a Mo-U-Se-Re assemblage in Pennsylvanian anthracite from the Jincheng Coalfield, southeastern Qinshui Basin, northern China[J]. Ore Geology Reviews, 115(6): 103184.

ZHAO L, WARD C R, FRENCH D, et al., 2018. Origin of a kaolinite-NH_4-illite-pyrophyllite-chlorite assemblage in a marine-influenced anthracite and associated strata from the Jincheng Coalfield, Qinshui Basin, northern China[J]. International Journal of Coal Geology, 185: 61-78.

ZHAO Y J, FENG D D, LI B W, et al., 2019. Combustion characteristics of char from pyrolysis of Zhundong sub-bituminous coal under O_2/steam atmosphere: effects of mineral matter [J]. International Journal of Greenhouse Gas Control, 80: 54-60.

ZHAO Y, LIU L, QIU P H, et al., 2017. Impacts of chemical fractionation on Zhundong coal's chemical structure and pyrolysis reactivity[J]. Fuel Process Technology, 155: 144-152.

ZHENG L G, LIU G J, CHOU C L, et al., 2007. Geochemistry of rare earth elements in Permian coals from the Huaibei coalfield, China[J]. Journal of Asian Earth Sciences, 31: 167-176.

ZHENG Q M, SHI S L, LIU Q F, et al., 2017. Modes of occurrences of major and trace elements in coals from Yangquan mining district, North China [J]. Journal of Geochemical Exploration, 175: 36-47.

ZHUANG X G, QUEROL X, ALASTUEY A, et al., 2006. Geochemistry and mineralogy of the Cretaceous Wulantuga high-germanium coal deposit in Shengli coal field, Inner Mongolia, Northeastern China[J]. International Journal of Coal Geology, 66(1/2): 119-136.

ZUBOVIC P, STADNICHENKO T, SHEFFY N B, 1960. The association of minor elements with organic and inorganic phases in coal[C]//U. S. Geological Survey Professional Paper 400-B. Short papers in the geological sciences. Reston, VA: USGS: B84-B87.

ZUBOVIC P, STADNICHENKO T, SHEFFY N B, 1961. The association of minor elements associations in coal and other carbonaceous sediments[C]//U. S. Geological Survey Professional Paper 424-D. Article 411. Reston, VA: USGS: D345-D348.